W0175789

Die Frage, ob wir allein sind im Universum, ist fast so alt wie die Menschheit selbst. Doch erst seit wenigen Jahrzehnten verfügen wir über die technischen Mittel, um uns auf die ernsthafte Suche nach dem Leben «dort draußen» zu machen. Die Entdeckung fremder Planeten, die um ferne Sterne kreisen, und die Erforschung irdischer Mikroben, die unter extrem lebensfeindlichen Bedingungen wachsen, nähren die Vermutung, dass Leben im Kosmos etwas Alltägliches sein könnte. Olaf Fritsche beschreibt wissenschaftlich stichhaltig, aber unterhaltsam und mit gelegentlichen Ausflügen in die Science-Fiction, was Astrophysik, Geophysik und Biologie bislang wissen und wo sie gezielt forschen.

Dr. Olaf Fritsche, studierter Biologe, war Redakteur von *Spektrum der Wissenschaft* und arbeitet heute als freier Wissenschaftsjournalist für verschiedene Zeitungen und Magazine. Bei rororo science hat er drei mathematische Knobelbücher und «Die Macht der Formeln – und was man mit Formeln macht» veröffentlicht. Seine Website: www.wissenschaftwissen.de

Olaf Fritsche

LEBEN IM ALL

Was die Astrobiologie weiß und
Sternenfreunde sich wünschen

Rowohlt Taschenbuch Verlag

rororo science

Lektorat Ludwig Moos

Originalausgabe

Veröffentlicht im Rowohlt Taschenbuch Verlag,

Reinbek bei Hamburg, September 2007

Copyright © 2007 by Rowohlt Verlag GmbH,

Reinbek bei Hamburg

Umschlaggestaltung any.way, Barbara Hanke

(Abb.: M. Miele/CORBIS; Julian Baum/ SPL/Agentur Focus)

Cartoons Olaf Fritsche

Satz ITC Galliard PostScript (InDesign) bei KCS GmbH,

Buchholz bei Hamburg

Druck und Bindung Clausen & Bosse, Leck

Printed in Germany

ISBN 978 3 499 62246 5

Für Steffi,
die wie ich der Ansicht ist,
dass intelligentes Leben
möglich sein müsste –
zumindest im Prinzip

INHALT

SIND WIR ALLEIN?

Wo kommen wir her? Sind wir allein im Universum? Wo gehen wir hin? Seit die Menschheit begonnen hat, über sich nachzudenken, stellt sie diese grundlegenden Fragen. Jede Epoche und jede Kultur hat sich seitdem bemüht, mit ihrer Erfahrung, ihrem Wissen und ihren Erwartungen passende Antworten zu finden. Schöpfungsmythen, religiöse Vorstellungen und abstrakte Betrachtungen wetteiferten dabei miteinander um öffentliche Anerkennung. In der Regel boten sie fertige All-inclusive-Pakete mit Absolutheitsanspruch, an die zu glauben hatte, wer nicht höllische Schwierigkeiten bekommen wollte. Ein System, das sichere Antworten auf Fragen gab, die zu stellen verboten oder zumindest gefährlich war. Zeiten, zu denen dieses Buch gewiss nicht erschienen wäre.

Doch die Zeiten ändern sich, und neugierige Geister wie Nikolaus Kopernikus, Giordano Bruno, Galileo Galilei und Johannes Kepler haben einen neuen Weg zur Erkenntnis beschrieben: das Fragen. Sie lehrten uns, dass wir selbst Wissen schaffen können, wenn wir uns nur vor dem Unwissen nicht fürchten. Ihre Wissenschaft weiß nicht alles, aber sie findet vieles heraus. Sie bietet keine Sicherheit, dafür Chancen und Entwicklung. Und sie hat Erfolg. Mitunter mehr, als unser armer Menschengeist verkraften mag. Und die lang ersehnten Antworten?

Sie sind teilweise gefunden. Wo wir herkommen, kann die Wissenschaft in groben Zügen erklären. Sie hat eine Vorstellung, wann und wie das Universum angefangen hat. Auf welche

Weise die Stoffe entstanden sind, aus denen Sterne, Planeten und Lebewesen hervorgegangen sind. Was nötig war, um die Erde mit dem Phänomen Leben zu versehen. Und auf welch verschlungene Weise daraus der Mensch wurde. Die Wissenschaft ist konzentriert bemüht, unsere potenziellen Nachbarn zu finden. Denn sollten ihre Antworten auf die erste Frage zutreffen, so müsste-könnte-dürfte es auch auf anderen Planeten, die um ferne Sterne kreisen, so etwas wie Leben geben. Wir bräuchten es nur zu finden. Also heißt es zu suchen – und das kann die Wissenschaft besonders gut. Von dem, was sie findet bei dieser und ihren anderen Suchen, hängt schließlich mit ab, wohin wir gehen. Geschaffenes Wissen alleine verändert nur das Denken, nicht das Handeln. Aber es zeigt Perspektiven auf und schafft Möglichkeiten.

Gibt es außerhalb der Erde Leben im All? An dieser Frage werden wir in diesem Buch prüfen, wie viel uns die Wissenschaft bereits zu berichten weiß. Mit welchen Methoden sie nach neuen Welten sucht, wie diese aussehen und ob sie belebt sein könnten. Und was unter «belebt» überhaupt zu verstehen ist. Denn was das Leben eigentlich ausmacht, wissen wir trotz Jahrhunderte währenden emsigen Sammelns von Schmetterlingen und Käfern bis in die molekularbiologische Gegenwart nicht genau. Und so greift auch die Wissenschaft in ihrer Not auf eine längst überholte Egozentrik zurück: Leben ist das, was so ist wie wir!

Von dem, was wir kennen, auf das zu schließen, was wir vermuten – von diesem Leitmotiv werden auch wir uns in diesem Buch führen lassen. Kapitel für Kapitel werden wir uns die potenziellen Lebensräume in unserer unmittelbaren Umgebung ansehen, über die wir am besten Bescheid wissen: die Planeten und Monde unseres Sonnensystems. Lediglich von der Erde ist bekannt, dass sie bewohnt ist, und bei manchen Planeten sind sich Forscher ziemlich sicher, dass freiwillig nicht einmal

Die Astrobiologie ist sich nicht einig, welche Ansprüche ein Planet erfüllen muss, damit sich auf ihm Leben entwickeln kann.

Einzeller auf ihnen siedeln würden. Wir werden nach und nach genauer prüfen, welche Chancen Erde, Mond, Kometen und Asteroide, Merkur, Venus, Mars, Jupiter und einige ganz spezielle Monde dem Leben bieten. Und mit welchen Bedingungen es auf den einzelnen Himmelskörpern zurechtkommen müsste – als bekannten Stellvertretern für die vielen unbekannten Welten im All. Wir werden von Bakterien erfahren, die tatsächlich schon Jahre im Weltraum überlebt haben. Wir werden Meteorite unter das Mikroskop nehmen, in denen angeblich Marsmikroben hausten. Wir werden Wow! – Signale empfangen, die womöglich von einer außerirdischen Zivilisation stammen, aber nur ein einziges Mal gesendet wurden. Und wir testen unsere eigene Intelligenz an den Nachrichten, die von der Erde an hochentwickelte Empfänger gesendet wurden.

Alles auf dem seriösen Boden der Wissenschaft. Bis sich im jeweils letzten Abschnitt jedes Kapitels die Fiction zur Science gesellt. Ganz im Sinne der raumfahrenden Zukunftshelden werden wir phantasieren, was wäre, wenn … Nie völlig real, aber stets mit so viel Bodenhaftung, dass es vielleicht sein könnte.

Wo kommen wir her? Sind wir allein im Universum? Und wo gehen wir hin? Drei wichtige Fragen. Dieses Buch gibt eine Teilantwort auf die erste, zeigt unseren Wissensstand und unsere Anstrengungen bei der Lösung der zweiten und spekuliert über Perspektiven für die dritte. Wo wir herkommen, hat unmittelbar mit den Chancen zu tun, nicht die einzige Lebensform im Weltall zu sein. Und sollte es tatsächlich sogar Intelligenz außerhalb des Sonnensystems geben, wird diese Entdeckung vermutlich großen Einfluss auf unseren weiteren Weg haben. Wir dürfen gespannt sein, in welchem Akt dieses Jahrtausende währenden Schauspiels wir uns gerade befinden – als Zuschauer wie als Darsteller. Vielleicht haben gerade wir das Glück, die fehlenden Antworten zu erhalten. Ein Echo auf die Frage:

Ist da wer?

WAS IST DAS EIGENTLICH – LEBEN?

Manches Wissen ist so selbstverständlich, dass wir tagein, tagaus nicht merken, auf welch unsicherem gedanklichen Grund wir uns bewegen. Bis wir plötzlich erklären müssen, was doch eigentlich jedem völlig klar ist ... oder nicht? Was genau «Leben» ist und woran wir es erkennen, ist so ein unscharfes Allgemeingut. Irgendwie weiß darüber jedes Kind Bescheid. Mama und Papa sind lebendig, das Meerschweinchen in seinem Käfig auch und ebenso der Dackel vom Nachbarn. Kein Leben haben der Kühlschrank, der Fernseher und die Bauklötze. So weit lässt sich die Welt noch ohne Schwierigkeiten kategorisieren. Aber schon auf der Fensterbank fangen für den Nachwuchs die Probleme an: Ist der kleine grüne Kaktus lebendig? Lebt ein Baum? Was ist mit dem Gras auf der Spielwiese? Bewegt sich nicht und ist folglich nicht am Leben – so bestimmt, einfach und nachvollziehbar kann die Welt mit jungen Augen sein.

Wie viel weiter sind da doch wir Erwachsenen. Uns ist natürlich sonnenklar, dass der *Ficus* unserer langjährigen Freunde durchaus noch lebendig war, als sie uns gebeten haben, ihn während ihres Urlaubs regelmäßig zu gießen. Im Gegensatz zu dem traurig trockenen Zustand, in welchem die nun ehemaligen Freunde ihn dank unserer chronischen Vergesslichkeit und seiner lebensbedingten Wasserabhängigkeit bei ihrer Rückkehr aufgefunden haben. Solcherlei Erfahrungen beweisen eindringlicher als ausgefeilter Biologieunterricht an der

Schule, dass Pflanzen leben. Und außer ihnen noch Pilze, Einzeller und Bakterien. Von Letzteren behaupten das zumindest kluge Bücher und dokumentarische Filme, denn um so kleines Leben mit eigenen Augen zu erblicken, braucht man ein gutes Mikroskop – und das haben die wenigsten zu Hause. «Leben» ist folglich das, was Lebewesen vom winzigen Bakterium über darbende Topfpflanzen und putzige Eichhörnchen bis hin zum grübelnden Menschen gemeinsam haben. Was auch immer das sein mag!

DIE WISSENSCHAFT DES UNBEKANNTEN

Für den Hausgebrauch sind wir mit dieser Antwort zufrieden, und sie reicht sogar aus, über Jahrhunderte hinweg eine ganze Wissenschaft auf ihr zu errichten. Die Biologie sammelt, klassifiziert und erklärt das Leben. Die vielen Mägen einer Kuh sind ihr ebenso wenig ein Geheimnis wie das Balzverhalten des Laubenvogels und die verzweigten Stoffwechselwege vom genaschten Zucker zum ausgeatmeten Kohlenstoffdioxid. Und dennoch: Was das denn sein mag, das Leben, das wissen Generationen von Botanikern, Zoologen, Mikrobiologen, Biochemikern, Genetikern und Biophysikern nach wie vor nicht genau zu sagen. Eine durchaus erfolgreiche Wissenschaft – die bei genauer Betrachtung eigentlich nicht weiß, was sie da überhaupt erforscht.

Das klingt ein wenig kurios, nicht sehr befriedigend und irgendwie auch reichlich peinlich. Vor allem, wenn man sich als ernsthafter Wissenschaftler auf die Suche nach Leben im Weltall begibt. Denn wer etwas finden möchte, hat bekanntlich bessere Erfolgsaussichten, wenn er weiß, wonach er sucht.

Ein Steckbrief mit der Aufschrift «So ähnlich wie Bakterien, Topfpflanzen oder Eichhörnchen» dürfte in den Weiten des Universums wenig hilfreich sein. Und so sorgten und sorgen Neugierde, Peinlichkeit und Notwendigkeit dafür, dass Biologen zusammen mit Chemikern, Physikern und Philosophen darüber nachsinnen, was das ist – das Leben. Im stillen Kämmerlein und auf quirligen Kongressen, in der freien Natur und im hochgerüsteten High-Tech-Labor, streng getrennt und dynamisch interdisziplinär haben sie über Jahrzehnte hinweg die Frage von allen Seiten beleuchtet und erörtert. Das Ergebnis: Wir wissen nicht, was Leben ist und was es ausmacht!

Einer allgemein gültigen Antwort steht nämlich vor allem eines im Wege: Wir kennen nur das Leben auf der Erde. Und dies geht – wie wir im Kapitel über die Erde noch sehen werden – vermutlich auf eine einzige Ursprungsform zurück, von der wir alle abstammen, das Trompetentierchen genauso wie der Mammutbaum. Eine einzelne Variante in unterschiedlichen Ausprägungen also, von der sich schwerlich auf die Gesamtheit schließen lässt. Danach eine universelle Definition für «Leben» zu formen, wäre ungefähr so erfolgreich wie der Versuch, die Grammatik einer Sprache zu ergründen, wenn man nur Wörter mit dem Anfangsbuchstaben G kennt. Oder anders ausgedrückt: Wir müssen offenbar erst Leben im All finden, um zu verstehen, was «Leben» überhaupt ist und wie es aussehen kann.

EINE CHECKLISTE ALS ARBEITSGRUNDLAGE

Als Anleitung für die Suche nach Leben auf fernen Planeten ist diese Erkenntnis natürlich wertlos. Und so orientieren sich moderne Exo- und Astrobiologen notgedrungen an jenen Informationen, die sie eben über das Leben und ferne Planeten bekommen können. Im Falle des Lebens bedeutet dies: Sie konzentrieren sich auf die Lebensformen auf der Erde und streben nicht mehr nach einer Definition für Leben, sondern erstellen Listen von Eigenschaften, die lebendige Einheiten von toten Systemen unterscheiden. Gewissermaßen die erwachsene Version der kindlichen «Bewegt-sich»-Bedingung. Mit solch einer Checkliste – so hoffen die Astrobiologen – lassen sich Experimente entwerfen, die an Bord von Raumsonden oder vielleicht sogar als Spezialapparate in Sternwarten Spuren von möglichen Lebensformen im All entdecken können. Sozusagen den Fußabdruck des Lebens im physikochemischen Durcheinander neuer Welten, in der Hoffnung, dass das Leben dort so etwas wie «Fußabdrücke» hinterlässt.

Die Liste der Checklisten ist lang. Verschiedene Autoren setzen verschiedene Schwerpunkte und verwerfen oder vergessen verschiedene Aspekte, die für ihre Kollegen wesentliche Eigenschaften des Lebens sind. Doch im Großen und Ganzen sind es immer die gleichen Eigenschaften, die sich einen Stammplatz in den Aufzählungen erkämpft haben. Für sich allein genommen kann keine davon ein Lebewesen von einem toten System unterscheiden. In der Summe machen sie es unbelebten Phänomenen aber ziemlich schwierig, Leben vorzutäuschen. So schwierig, dass selbst manch eindeutig lebender Zeitgenosse seine liebe Not hat, wirklich alle Hürden zu nehmen. Was eindringlich die Grenzen dieser Checklisten demonstriert – nur sind sie derzeit eben dummerweise das Beste, was wir haben.

Interessanterweise stammt einer der zentralen Punkte, den wir in der folgenden Aufzählung sogar an die erste Stelle setzen werden, nicht von einem Biologen, sondern von einem Physiker. Einem Theoretiker obendrein – jener speziellen Spezies also, die Modelle für die Welt, das Universum und den ganzen Rest im Kopf und mit Papier und Bleistift oder neuerdings am

Computer entwirft. Ohne jemals selbst ein Experiment oder wenigstens eine wissenschaftliche Beobachtung durchzuführen. Obendrein war der natürliche Forschungslebensraum dieses theoretischen Physikers auch noch die Quantenphysik. Also ein Bereich, in dem schon ein Atom als ziemlich riesig und ein Molekül aus zwei Atomen als nicht mehr exakt berechenbar gilt. In diesem atomaren und subatomaren Kosmos haben die Objekte geradezu abstruse Eigenschaften. Beispielsweise verhalten sie sich mal wie ein Teilchen, dann wie eine Welle. In der Wellenform haben sie keine räumliche Grenze, sondern dehnen sich im Prinzip unendlich weit aus. Dafür sind sie dann nirgendwo wirklich anzutreffen, sondern überall nur mit einer bestimmten Wahrscheinlichkeit – was ihnen die Fähigkeit verleiht, durch massive Wände zu gehen, als wäre dort ein Tunnel. Außerdem können sie sich als Teilchen mit einem anderen Teilchen so eng verbrüdern, dass sie stets voneinander wissen, wie es dem Partner geht, und sei er auch gerade am anderen Ende des Universums.

Mit solchen Theorien hatte sich der österreichische Physiker Erwin Schrödinger beschäftigt und mehr noch: Er hatte die Quantenphysik mitbegründet und dafür 1933 den Nobelpreis erhalten. Und ausgerechnet ihn zog es Anfang der 1940er Jahre von der kaum vorstellbaren, aber berechenbaren Theorie der Quanten in die sehr reale, aber unheimlich komplexe Praxis des Lebendigen. Ein gewaltiger Sprung ins Gegensätzliche, der fürchterlich schiefgehen könnte.

Doch aus dem kleinen Seitensprung für den Forscher wurde ein riesiger Schritt für die Forschergemeinschaft. Die abstrakt physikalische Sichtweise des Theoretikers war (und ist) den allermeisten Biologen nämlich derart fremd, dass sie ohne Schrödingers 1944 erschienenes Werk «Was ist Leben?» wohl kaum selbst jemals die thermodynamische Besonderheit des Lebens richtig erkannt und gedeutet hätten. Auf den Punkt gebracht, behauptete Schrödinger: Leben klinkt sich auf Kosten seiner Umgebung aus dem natürlichen Lauf der Dinge aus, ohne dabei die Naturgesetze zu verletzen. Das zentrale Stichwort lautet hier «Ordnung». Und wie wir gleich sehen werden, folgen aus diesem Merkmal zwangsläufig weitere Eigenschaften von Leben, wie Energieverbrauch und Stoffwechsel, ohne welche wir uns Leben kaum vorstellen können. Ebenso wie aus dem zweiten Aspekt, den Schrödinger postulierte. Er nahm an, dass Leben eine Art nichtperiodischer Kristall wäre, der die notwendige Information für seinen eigenen Aufbau und sein Verhalten trägt. So wie ein Buch über die Herstellung von Büchern, in dem die Buchstaben zwar fein säuberlich wie in einem Kristall auf ihren Zeilen sitzen, sich aber anders als im Kristall nicht regelmäßig wiederholen. Um rund zehn Jahre nahm Schrödinger mit dieser Idee die Struktur der Erbsubstanz DNA vorweg, die später James Watson und Francis Crick entschlüsselten. Unter dem Strich also ein äußerst erfolgreicher Abstecher in ein eigentlich völlig fremdes Wissensgebiet, der nicht wenige junge Forscher dazu ermunterte, sich auf die Spur dieses rätselhaften Phänomens zu begeben.

Sehen wir uns darum einmal an, was die Wissenschaft mehr als 60 Jahre nach Schrödinger für die Quintessenz des Lebens hält – und wonach Astrobiologen sich bei ihrer Suche nach Leben im All orientieren können. Die Checkliste des Lebendigen finden Sie gegenüber.

Leben ist Ordnung. Auf den ersten Blick – besonders, wenn er in ein Kinderzimmer fällt oder über den Schreibtisch streift – scheint Ordnung etwas zu sein, was mit dem Chaos des wahren Lebens herzlich wenig gemein hat. Das Durcheinander von Kraut und Kräutlein auf der Wiese, das Gewusel von Adern im menschlichen Körper und das verwirrende Dickicht

Eigenschaften von Leben

Eigenschaft	Beispiel bei Lebewesen	Beispiel bei nichtlebenden Objekten
Geringe Entropie	Strukturierter Aufbau aus Molekülen, Zellen, Geweben und Organen	Geordneter Aufbau von Kristallen
Energieaustausch	Photosynthese; Energiegewinnung aus Nahrung; Wärmeabgabe	Solarzelle; Wärmespeicherung in Ozeanen und Gestein
Stoffwechsel	Umwandlung von Nährstoffen in eigene Strukturen	Produktion von Kunststoffen; Verbrennung im Feuer
Wachstum	Zunahme des Volumens und/oder der Anzahl von Zellen	Wachstum von Kristallen; Vergrößerung eines Brandes
Fortpflanzung	Zellteilung oder Geburt von Nachkommen	Computerviren; bislang nur theoretisch: Roboter, der sich selbst nachbaut
Informationsspeicher	Reihenfolge der DNA-Bausteine gemäß genetischem Code	Computerprogramme und Computerviren; Walzen eines mechanischen Klaviers
Evolution	Verschiedene Schnabelformen bei Darwinfinken als Anpassung an unterschiedliche Nahrungsquellen	Evolutives Design von mechanisch beanspruchten Werkstücken durch zufällige Veränderungen und gezielte Auswahl
Reaktion auf Umwelt	Mimosen falten bei Berührung zum Schutz ihre Blätter zusammen	Dämmerungsschalter; Rauchmelder
Fließgleichgewicht	Verbrauch von Kohlenstoffdioxid und Produktion von Sauerstoff bei Photosynthese	Verbrauch von Sauerstoff und Produktion von Kohlenstoffdioxid bei Feuer
Emergente Eigenschaften	Molekulare Erkennungsmechanismen; Sexualität	Unvorhergesehenes Verhalten von Computern

seltsamer Strukturen in der Zelle entsprechen so gar nicht unserem quadratisch praktischen Sinn von Ordnung.

Dennoch führen ausgerechnet solche Beispiele uns anschaulich vor Augen, was die Natur unter Ordnung versteht: nämlich eine räumliche Anordnung und sinnvolle Verknüpfung von Objekten, die ohne Leben weitaus zufälliger verteilt wären. Das Wiesenkraut als Art werden wir auf Spaziergängen nur auf der

Wiese antreffen, keinesfalls im Wald. Rupfen wir ein Exemplar davon aus, so halten wir vom Würzelchen bis zur Blüte alles, was dazugehört, kompakt in einer Hand. Kolossal ordentlich beieinander und zusammengefügt. Was Kraut ist und was nicht, ist eindeutig voneinander abgegrenzt. Dasselbe stellen wir auch beim Aderwerk fest: Mögen die Venen, Arterien und Kapillaren vom geometrisch rechten Winkel nichts gehört haben – sie geben trotzdem unmissverständlich vor, in welchen Bahnen das Blut fließt. Jedes rote Blutkörperchen, jede Muskelzelle, jede Nervenzelle hat einen bestimmten Platz im Körper. Ebenso wie in der Zelle, in der es streng abgetrennte Bereiche zum Aufbewahren des wertvollen Erbguts gibt, Zonen für die Verdauung und wahre Fabrikkomplexe für den Aufbau neuer Moleküle. Leben grenzt sich nach außen ab und sein dynamisches Inneres ein. Eine funktionelle räumliche Ordnung, ohne die wir nicht mehr wären als ein verdunstendes Pfützlein gemischter Moleküle und Atome – und absolut tot.

Bis auf wenige Ausnahmen, wie beispielsweise wachsende Kristalle, tendiert die unbelebte Natur nämlich dazu, sich möglichst großzügig in der Gegend zu verteilen. Ein Gas, das einer Flasche entweicht, wird praktisch niemals in sein Gefängnis zurückkehren; und Milch, die wir in den Kaffee rühren, lässt sich nicht durch Drehen in entgegengesetzter Richtung wieder herausholen. Dieses Bestreben, sich nicht auf ein ordentliches Muster festlegen zu lassen, sondern sich so unbestimmt zu verteilen, wie es nur geht, bezeichnen Wissenschaftler als Entropie. Als Antrieb für die Wuselei ins Chaos reicht den Teilchen dabei in der Regel die Umgebungswärme aus, die sie in zufällige Zitterbewegungen versetzt. Im Laufe der Zeit torkeln sie damit kreuz und quer in jede erreichbare Ecke und machen jede anfängliche Ordnung zunichte.

Doch genau das lassen Lebewesen nicht zu, stellte Schrödinger fest. Er kam zu dem Schluss, dass Leben der üblichen

Zunahme der Entropie trotzt. Ein Widerstand, der allerdings nicht ohne einen entsprechenden Einsatz zu leisten ist. Denn Ordnung zu erhalten, kostet eine Menge Energie. Nicht von ungefähr ist es leichter, ein Kinderzimmer zu verwüsten, als es aufzuräumen.

Einfalt gegen Vielfalt

Das abstrakte Konzept der Entropie wird gerne als «Grad der Unordnung» vereinfacht. In vielen Fällen reicht diese Vorstellung zwar aus, aber eigentlich trifft sie das Wesen der Entropie nicht richtig und kann sogar in die Irre führen. So falten sich beispielsweise lange Proteinketten erstaunlicherweise aus Entropiegründen zu ordentlichen Strukturen. Und auch Wasser und Öl entmischen sich, weil die Entropie es so will. Hier sorgt die vermeintliche Unordnung für Ordnung.

Der Widerspruch löst sich auf, wenn wir Entropie nicht als Grad der Unordnung ansehen, sondern als Maß für die mögliche Vielfalt. Dazu stellen wir uns ein Damebrett vor, auf dem wir 16 Spielsteine verteilen sollen. Wir könnten sie fein säuberlich auf den ersten beiden Reihen aufbauen. Wenn wir dabei nicht zwischen den einzelnen individuellen Steinen unterscheiden, gibt es dafür genau eine einzige Möglichkeit. Was glauben Sie, wie groß ist die Chance, genau diese Aufstellung zu erhalten, wenn wir die Steine einfach von oben auf das Feld fallen lassen? Richtig! Verschwindend gering (etwa eins zu zehn Milliarden Milliarden Milliarden). Obwohl es nicht unmöglich ist, wird diese Anordnung praktisch nie vorkommen. Dazu gibt es einfach viel zu viele andere Varianten, wie die Steine fallen könnten. Oder wissenschaftlicher ausgedrückt: Die Entropie unserer einmaligen Lieblingsstellung ist sehr niedrig, diejenige der zufälligen Vielfalt ist außerordentlich groß. Aber nicht etwa, weil die Zufallsstellungen so unordentlich sind, sondern weil es davon so viele gibt! Denn für jede einzelne unter den «Unordentlichen» ist die Wahrscheinlichkeit exakt so klein wie für die «ordentliche» Doppelreihe.

Zurück zu den Proteinen und dem Gemisch von Wasser und Öl: Die langen Ketten des Proteins bzw. der Ölmoleküle zwingen den vielen wuselnden Wassermolekülen bestimmte Aufenthaltsorte und Ausrichtungen auf. Das schränkt deren Variantenreichtum deutlich ein, sodass es einfach sehr viel wahrscheinlicher ist, dass die Proteine korrekt gefaltet und das Öl säuberlich vom Wasser getrennt vorliegt. Obwohl das Ergebnis für unsere Augen «ordentlicher» aussieht.

Leben braucht Energie. Sobald ein Objekt vom Dasein mehr erwartet, als passiver Spielball des Zufalls zu sein, und zumindest teilweise sein Geschick in die eigenen Moleküle nehmen will, muss es etwas investieren. Nur mit dem Einsatz des nötigen Quäntchens Energie verlaufen chemische Reaktionen in die gewünschte Richtung, lassen sich Bewegungen gezielt ausführen und Strukturen vor dem Verfall bewahren.

Bei all diesen Vorgängen des Lebens verschwindet die Energie zwar nicht, aber sie wird direkt oder über Zwischenstufen in Wärme umgewandelt, was hübsch kuschelig ist, ansonsten aber kaum nutzbringend zu verwerten. Es muss folglich ständig Nachschub her, soll das Leben mehr als eine sporadische Episode im Sein eines Planeten werden. Auf Erden nutzen darum Pflanzen und manche Bakterien mit ihrer Erfindung namens Photosynthese die Strahlung der Sonne als Energiequelle. Andere Bakterien, Pilze und Tiere, die dazu nicht in der Lage sind, machen sich stattdessen über die grünen Mitlebewesen her. Was wiederum noch andere Vertreter dazu einlädt, als Räuber ihrerseits die Pflanzenfresser zu vernaschen. Mit den Verwertern toter Organismen ergibt dies ein komplexes Netz von sich sonnen, fressen und gefressen werden, das fast alles Leben auf Erden mit Energie versorgt.

Wer die Sonne nicht mag oder zeit seines Lebens nicht zu Gesicht bekommt, weil er in den Tiefen des Meeres oder des Erdbodens wohnt, muss sich einen anderen Trick einfallen lassen, um an Energie zu gelangen. Vor allem einige Bakterien sind in dieser Hinsicht dermaßen phantasievoll, dass Wissenschaftler sie erst in den vergangenen Jahrzehnten entdeckt haben. Wer rechnet schon damit, dass es Lebensformen gibt, die mit schwefligem Heißwasser, giftigem Rohöl oder radioaktiver Strahlung ihren Energiebedarf decken?

Was auch immer die biochemischen Akkus des Lebens auflädt – die Energie treibt den Stoffwechsel an, macht Bewegung möglich und schafft die Voraussetzungen, um Informationen zu verarbeiten.

Leben hat Stoffwechsel. Das Licht der Sonne einzufangen oder den schwächeren Nachbarn zu fressen, um an die darin gespeicherte Energie zu gelangen, ist bereits ein Teil des Stoffwechsels. Einer seiner Hauptzwecke besteht darin, die aufgenommene Energie in eine chemische Speicherform umzuwandeln, die im eigenen Organismus möglichst universell einsetzbar ist – etwa wie ein voll aufgeladener Akku in unserem technologischen Spielzeugparadies. Bei Lebensformen, die keine Photosynthese betreiben, geschieht das häufig, indem sie ihre Nahrung mit dem eingeatmeten Sauerstoff der Luft verbrennen. Allerdings unter strengster Kontrolle und in zig kleinen Einzelschritten, die allesamt streng reguliert sind, damit nicht zwischendurch versehentlich die gesamte Zelle chemisch abfackelt. Alleine der relativ einfache Weg des Zuckers zum Kohlenstoffdioxid mit seinen vielen Reaktionsschritten, Regelmechanismen und Rückkopplungsschleifen macht als Skizze auf einem Blatt Papier einen unheimlich komplizierten Eindruck. Der gesamte Stoffwechsel einer Zelle – den die Wissenschaft noch immer nicht vollständig aufgedröselt hat – dürfte in etwa so übersichtlich sein wie eine Kombination aller U-Bahn-Pläne der Welt mit sämtlichen jemals gedruckten Schnittmustern für Sommerkleider, reglementiert durch die Sammlung der globalen Steuergesetzgebungen.

Dieses reichliche Maß an biochemischer Komplexität und Bürokratie ist offenbar notwendig, denn wir finden es bereits bei den einfachsten Bakterienstämmen. Schon um überhaupt am Leben zu bleiben, muss die Zelle ständig kontrollieren, welche Komponenten der Entropie zum Opfer gefallen und kaputtgegangen sind. Sie muss reparieren, abbauen und ersetzen. Weil nicht alle Bauteile in ausreichender Stückzahl auf Lager liegen, muss sie chemische Substanzen umbauen, also die Stoffe wechseln (daher «Stoffwechsel»). Dafür benötigt sie andauernd neues Rohmaterial, das sie gezielt aus der Umgebung aufnimmt. Ebenso wie weitere Nahrung, um genug Energie für all die Arbeit zur Verfügung zu haben. Eine gewaltige Sisyphusarbeit, die noch weit umfangreicher und verwickelter wird, wenn das Lebewesen wächst oder sich gar vermehrt. Ohne Unterlass kämpft das Leben mit seinem Stoffwechsel gegen den Verfall an und baut sich selbst aus.

Einzig in speziellen Dauerformen wie Pflanzensamen und Bakteriensporen ist dieser Vorgang auf ein kaum feststellbares Maß reduziert. In dieser Art biologischer Rettungskapsel, die extra dafür konstruiert ist, schwere Zeiten zu überstehen, wandelt das Leben auf dem schmalen Grat zum Tod. Zwar stellt der gebremste Stoffwechsel kaum noch Forderungen an Material und Energie, doch tritt er auch ebenso wenig dem unerbittlich nagenden Zahn der Zeit entgegen. Und so schafft es längst nicht jeder Samen und nicht jede Spore, am Ende der Durststrecke wieder zu keimen.

Leben grenzt sich ab und wächst. Im Leben fängt jeder einmal klein an – nämlich in dem Stadium einer einzelnen Zelle. Während das beim Menschen nur der Startschuss für den Bau eines Billionen Zellen umfassenden Gesamtorganismus ist, bleibt es für viele Mikroben auf Dauer bei diesem extremen Single-Dasein. Aber wie klein das Leben auch sein mag: In mindestens eine Zelle ist es verpackt. Nach unserem aktuellen Kenntnisstand ist die Zelle die kleinste Einheit des Lebens. Sie trennt mit einer Hülle das Leben mit all seinen vorgeschriebenen Inhalten und Abläufen vom unkontrollierbaren Draußen ab. Je nach Komplexität ist ihr Inneres relativ gleichförmig gehalten oder weiter in spezialisierte Bereiche unterteilt, in denen die Verdauung von Nahrung, Aufladung der biochemischen Energieakkus, Produktion neuer Zellbestandteile, Lagerung der Erbsubstanz usw. fein säuberlich voneinander getrennt sind.

Das alles benötigt natürlich Platz. Und da Zellen aus der Teilung anderer Zellen hervorgehen, müssen sie wachsen, denn unterhalb von einem tausendstel Millimeter Zelldurchmesser wird es ziemlich eng für das wuselige Getümmel der lebensnotwendigen Moleküle. Hat die Zelle Glück und befindet sich in der richtigen Umgebung, kann sie gleich vor Ort die geeigneten Substanzen aufnehmen, aus denen sie mit Hilfe ihres Stoffwechsels mehr aus sich machen kann. Bis sie schließlich selbst so groß ist, dass sie sich teilen kann und der ganze Wachstumsprozess von vorne beginnt.

Leben pflanzt sich fort. Weil das Leben so anstrengend und gefährlich ist, verliert immer wieder ein Teil der einzelnen Organismen den Kampf gegen die zerstreuende Entropie, Nährstoffmangel, hungrige Nachbarn und herabstürzende Meteoriten. Trifft dieses Schicksal das einzige Exemplar einer Art, ist diese damit endgültig aus dem weiteren Spiel des Lebens ausgeschieden. Einzigartig zu sein, ist darum für das Leben keine sonderlich empfehlenswerte Eigenschaft. Besser ist es da, sich selbst zu kopieren und am besten noch weiträumig zu verteilen. So gesehen liegt in der Fortpflanzung vielleicht nicht gerade der Sinn des Lebens, aber zumindest eine wichtige Strategie, um die Risiken auf viele Köpfe zu verteilen.

Am Beispiel der Fortpflanzung zeigt sich übrigens sehr schön, welche Fallstricke eine Definition des Lebens mit sich bringt. Eine Art, die sich nicht mehr vermehrt, stirbt in der Tat über kurz oder lang aus. Auf dieser Ebene ist Leben deshalb ohne Fortpflanzung nicht denkbar. Betrachten wir jedoch ein einzelnes Individuum, so kann man auch ohne Nachkommen durchaus quicklebendig sein. Manche Formen wie beispielsweise Maultier und Maulesel sind sogar von Natur aus meist unfruchtbar. Wer jemals von einem Maultier getreten wurde, kann aber bestätigen, dass in ihnen dennoch ein kräftiges Maß agilen Lebens steckt.

Wir haben es folglich mit zwei unterschiedlichen Stufen des Lebens zu tun: dem einzelnen Organismus und der Lebensform als Menge aller Individuen einer Art. Für beide gelten leicht unterschiedliche Bedingungen für Leben, dennoch verwenden wir für beide Fälle das gleiche Wort und handeln sie dementsprechend mit einer gemeinsamen Liste ab. Eine sprachliche Unzulänglichkeit, die immer wieder für Verwirrung in der Diskussion um eine brauchbare Definition führt.

Leben trägt Information. Ständig die Zelle reparieren, Komponenten nachproduzieren, die Maschinerie für das Wachstum anwerfen, zwischendurch sogar alles auf Vermehrung umschalten – die Anforderungen an den ganz normalen Alltag des Lebens sind hoch, und der kleinste Fehler könnte das

Ende bedeuten. So eine Aufgabe ist nur mit gutem Werkzeug zu bewältigen und einem ebenso guten Plan, in dem klipp und klar steht, wie jedes einzelne Werkzeug aussieht, wann und in welchen Mengen es hergestellt werden soll und unter welchen Umständen es wieder aus dem Organismus zu entfernen ist. Dieses Wissen muss gespeichert, abgelesen, verarbeitet sowie bei einer Teilung kopiert und an alle Nachkommen weitergegeben werden. Eine Fülle an Informationen, wie die unbelebte (nichttechnische) Natur sie nicht kennt, und eine effiziente Verwaltung, wie große Konzerne sie gerne hätten.

Abgespeichert ist das ganze Wissen in dem Erbmolekül Desoxyribonukleinsäure, international mit DNA (für den englischen Namen *deoxyribonucleic acid*) abgekürzt. Rund zwei Meter DNA ist in jedem menschlichen Zellkern zu finden, aufgeteilt in 46 Chromosomen genannte Stückchen und verdrillt um Proteine gewunden. Die eigentliche Information liegt verschlüsselt in der Reihenfolge der vier Bausteine der DNA vor: Adenin (A), Thymin (T), Cytosin (C) und Guanin (G). Etwa 3,2 Milliarden dieser Buchstaben des Lebens codieren in ungefähr 25 000 Genen die Baupläne für den gesamten Bestand an Proteinen – den Werkzeugen der Zelle. Für die tägliche Arbeit fertigt die Zelle jeweils Kopien der benötigten Gene in Form des DNA-verwandten Moleküls Ribonukleinsäure, kurz RNA, an und belässt die wertvolle Vorlage im Tresor des Zellkerns. Will sich die Zelle teilen, muss sie jedoch an das Original heran, das mit Hilfe spezieller Werkzeuge zunächst verdoppelt und anschließend auf die beiden Tochterzellen aufgeteilt wird.

Auf der Erde nutzen alle bekannten Lebensformen DNA oder RNA als Informationsspeicher und verschlüsseln die Baupläne sogar mit dem gleichen universellen genetischen Code, der bis auf einzelne kleine Abweichungen bei allen Arten identisch ist. Fremdes Leben auf fernen Planeten kann hingegen ganz andere Speichermethoden entwickelt haben. Dass es dafür praktisch unendlich viele unterschiedliche Verfahren gibt, beweist uns nicht zuletzt die IT-Branche, wenn der neue Computer wieder einmal nichts anfangen kann mit den Urlaubsfotos, Geschäftsbriefen und sonstigen Daten, die wir auf seinem Vorgänger gesammelt hatten.

Leben passt sich in einer Evolution an. Ganz die Mama oder der Papa zu sein, mag stärkend auf Familienbande wirken – für den dauerhaften Bestand einer Lebensform ist es nicht erstrebenswert. Denn die Umweltbedingungen und mit ihnen die Anforderungen an einen Organismus ändern sich. Meistens geht dies sehr langsam vor sich, sodass ein einzelnes Individuum den Unterschied kaum bemerkt. Der Vormarsch und Rückzug der Gletscher während der Eiszeiten waren solche tiefgreifende Veränderungen, die sich über Generationen hingezogen haben. Andere Umwälzungen gehen sehr schnell. Das Abholzen eines Waldes zum Beispiel kann innerhalb von Wochen die restliche Flora und Fauna mit einer völlig ungewohnten Umgebung konfrontieren. Und bei Überflutungen, Meteoriteneinschlägen oder Vulkanausbrüchen kann dies innerhalb von Stunden geschehen.

Ist eine Lebensform nicht in der Lage, den gewünschten Zustand wiederherzustellen oder schimpfend in eine angenehmere Gegend umzuziehen, bleibt ihr nur, sich anzupassen. Was nicht nur eingeschworenen Gewohnheitstieren schwerfällt, sondern allen Organismen, die sich mit Haut und Haar, Blatt und Wurzel, Schnabel und Hufen optimal in ihre bisherige Lebenssituation eingefügt hatten.

Es schlägt die große Stunde der Abweichler und Sonderlinge. Aufgrund von zufälligen Fehlern bei der Verdopplung oder Verteilung der DNA auf die Samen und Eizellen, den sogenannten Mutationen, sind sie irgendwie anders als ihre Artgenossen. Der Unterschied kann von winzig und völlig unauffällig bis hin zu dramatisch und auf der Stelle tödlich reichen. Unter normalen Umständen bringt solch eine Mutation kaum Vorteile, meist eher Nachteile mit sich. Doch normale Umstände waren gestern. In der neuen Situation besteht die winzige Chance, dass das betroffene Individuum dank seiner Mutation ein wenig besser klarkommt als das bisherige Standardmodell. Aus dem geborenen Mauerblümchen wird unerwartet der neue Star, der mühelos die Konkurrenz aussticht und sich eifrigst fortpflanzt.

Ein paar Generationen und vielleicht einige weitere glückliche Mutationen später hat die Lebensform sich an die neuen Bedingungen angepasst. Ihre Fähigkeit zur Evolution als Wechselspiel aus zufälligen Mutationen und richtunggebender Selektion durch die Umwelt hat sie vor dem Aussterben bewahrt. Ohne Flexibilität durch Evolution wären biologische Vielfalt und dauerhaftes Leben deshalb nur schwer vorstellbar. Mit ihr übersteht das Leben hingegen problemlos Asteroideneinschläge und Atomkriege – und sei es nur, um auf der Basis von Einzellern und Kakerlaken nochmals von vorne anzufangen.

Leben reagiert auf die Umwelt. Auf der zeitlichen Skala der Evolution kann sich eine Lebensform also mit Mutation und Selektion langfristig an die Umgebung anpassen. Für einen Organismus dauert das aber viel zu lange. Er braucht darum die Fähigkeit, Reize aus der Umgebung aufzunehmen, zu verarbeiten und entsprechend zu reagieren. Strenggenommen ist diese Eigenschaft keine unabdingbare Anforderung an Leben, aber sie weist so viele handfeste Vorteile auf, dass die Wahrnehmung chemischer und physikalischer Größen einfach zum biologischen Verkaufsschlager werden muss. Sehen, Hören, Riechen, Schmecken und Fühlen liefern wichtige Informationen über die Welt, auf deren Grundlage wichtige Entscheidungen getroffen und überflüssige oder fatale Aktionen vermieden werden können. Selbst viele Bakterienarten verfügen deshalb über einfache Sinne. Damit stellen sie fest, in welche Richtung zu schwimmen sich lohnt, weil die Konzentration von Nährstoffen auf dem Weg immer größer wird. Oder sie bevorzugen helle Bereiche gegenüber dunklen Ecken, um möglichst viel Licht für ihre Photosynthese einzufangen.

Als bevorzugte Reaktionen auf die Nachrichten von draußen haben irdische Lebensformen verschiedene Mechanismen entwickelt, um sich fortzubewegen, sich zu schützen, sich auszubreiten und sich Nährstoffe zu besorgen. Mithin alles Fähigkeiten, um die beschriebenen Anzeichen für Leben zu bewahren und auszubauen. Wobei die Entscheidung, ob jemand laufend, schwimmend, fliegend, kriechend, hüpfend oder schleimend vom ungeliebten A zum attraktiveren B gelangt, weitgehend von seiner Größe und dem Medium abhängt, in dem er sich bewegt. Die Umwelt und der spezielle Zweck bestimmen meist die Lösung – und das nicht nur beim Vorwärtskommen, sondern bei allen Sinneswahrnehmungen und Reaktionen. Außerirdisches Leben könnte uns folglich mit einigen interessanten Varianten überraschen, auf die wir Erdlinge seit Milliarden Jahren nicht gekommen sind.

Leben steht im (Fließ-)Gleichgewicht. Leben reagiert nicht nur auf seine Umwelt – es verändert sie auch aktiv. Lebewesen nehmen Nährstoffe auf, scheiden Abfallstoffe aus und strahlen Wärme ab. Infolgedessen sinkt in ihrer Umgebung die Menge mancher Substanzen und steigt die Konzentration anderer, während die Zusammensetzung der Organismen an sich relativ konstant bleibt. Wissenschaftler sprechen von einem

Fließgleichgewicht. Ohne Leben würde sich dagegen ein echtes Gleichgewicht einstellen, bei dem praktisch alle Stoffmengen unverändert bleiben.

Wir können dies mit einem einfachen Experiment überprüfen. Dazu stülpen wir eine durchsichtige Käseglocke so über eine arme Topfpflanze, dass keine Luft mehr in das Gefängnis hinein- oder hinauskann. In eine zweite Todeszelle sperren wir unsere Lieblings-Playmobilfigur. Nach einigen Tagen werden wir feststellen, wie es unserem Pflänzlein immer schlechter geht. Es bekommt zwar Licht, und auch der Wasservorrat mag ihm noch reichen, aber der Gashaushalt weist eine arge Schieflage auf. Bei der Photosynthese nehmen Pflanzen Kohlenstoffdioxid auf und geben Sauerstoff ab. Unter der Käseglocke ist aber bald das gesamte Kohlenstoffdioxid verbraucht, und es kommt kein Nachschub – das Fließgleichgewicht gerät ins Wanken. Die Pflanze hungert regelrecht und stirbt, wenn wir uns ihrer nicht rechtzeitig erbarmen. Die nicht lebendige Playmobilfigur erfreut sich hingegen ihres echten Gleichgewichts und wird uns noch über Monate hinweg fröhlich angrinsen. Zugegeben: ein wissenschaftlich gesehen eher langweiliger Aspekt des Versuchs.

Auf der Ebene des Organismus können der Verbrauch oder die Produktion von Substanzen im Fließgleichgewicht also ein Anzeichen für Leben sein. Betrachten wir aber einen ganzen Planeten, so verschieben sich die Mengenverhältnisse der Stoffe in menschengerechten Zeiträumen kaum. Beispielsweise liegt der Gehalt an Sauerstoff in der Atmosphäre seit Urzeiten bei knapp 21 Prozent und jener von Kohlenstoffdioxid knapp unter 0,04 Prozent. Es ändert sich trotz unablässig laufender Photosynthese nichts, weil Tiere, Pilze und viele Bakterien im gleichen Maße den Sauerstoff zur kontrollierten Verbrennung ihrer Nahrung verbrauchen und dabei Kohlenstoffdioxid freisetzen. Ein Kreislauf, der ein echtes Gleichgewicht ermöglicht, das über lange Zeit stabil bleibt und in dem sich bei grober Betrachtung nichts verändert.

Allerdings ist dieses lebensabhängige Gleichgewicht verschoben. Ohne atmende und photosynthetisierende Lebensformen würde es ganz woanders liegen. Wäre die Erde nämlich biologisch tot, würde der gesamte Sauerstoff in der Atmosphäre mit den verschiedenen Mineralien und Gesteinen an der Oberfläche chemisch reagieren. Der Planet würde rosten – ähnlich wie es dem Mars ergangen ist – und der Sauerstoff weitgehend aus der Luft verschwinden. Auf globaler Ebene kann darum auch die Anwesenheit eines bestimmten Stoffes oder seine ungewöhnliche Konzentration als Indiz für Leben gelten. Sozusagen eine Art lebensbedingte Umweltverschmutzung – und damit kennt die Menschheit sich ja bestens aus.

Leben ist mehr als die Summe seiner Teile. Mit großer Wahrscheinlichkeit dürften selbst sehr fremdartige Lebensformen an Materie gebunden sein. Reine «Energie-Wesen», wie sie in Science-Fiction-Romanen und -Filmen gelegentlich auftreten, sind schwer vorstellbar. Elektromagnetische Strahlung etwa wäre zumindest auf eine Begrenzung aus reflektierender Materie angewiesen. Ansonsten würde sich die lebendige Energie mit Lichtgeschwindigkeit im Raum ausbreiten und ausdünnen – ein äußerst kurzes Aufflackern, das wohl niemand wahrnehmen würde.

Zum Trost für alle Fans von Raumschiff Enterprise hat aber auch die Materie einige Exotik zu bieten, die umso erstaunlicher ausfällt, je komplexer das System ist. Während sich einzelne Atome noch ziemlich genau berechnen lassen, wird dies bei Molekülen aus mehreren Atomen schon schwieriger. Die gegenseitige Beeinflussung zwingt ihnen Grenzen und neue Verhaltensmuster auf, an welche Atome während ihres freien

Single-Daseins nicht gebunden waren. Außerdem kommt der räumlichen Anordnung nun eine wichtige Rolle zu, die bei großen Molekülen, wie sie in Zellen üblich sind, sogar entscheidend für die Funktion sein kann. Weil das Leben sich auf eine Handvoll verschiedener Elemente beschränkt, um durch unterschiedliche Kombinationen eine Fülle von Molekültypen zu gestalten, sind auf dieser Ebene Mechanismen zur Erkennung und Unterscheidung möglich und nötig. Man reagiert nun häufiger miteinander, ist dabei aber wählerisch. Ganze Manipulationskaskaden entwickeln sich, inklusive Regulationsmechanismen und Rückkopplungsschleifen. Gehen wir noch eine Stufe höher, über die Biochemie hinaus, und betrachten wir das Miteinander mehrerer Zellen, treffen wir auf einfache Kommunikationsformen, abwechselnde Phasen von Aktivität und Ruhe sowie zaghafte Ansätze eines Sexuallebens – alles bereits bei Bakterien.

In Vielzellern schließlich spezialisieren sich die Zellen, bilden Gewebe und Organe, und das Schicksal des Gesamtorganismus wird wichtiger als das Wohl der Einzelzelle. Der Schritt zur Gruppe und Gesellschaft bringt dann ein so komplexes Muster von Verhaltensweisen mit sich, dass wir den Rahmen der Biologie verlassen und neue Wissenschaften wie die Psychologie und Soziologie das kreative Chaos zu verstehen suchen.

Von Ebene zu Ebene offenbart Leben neue Seiten, die eine Stufe zuvor noch nicht zu erahnen waren. Diese sogenannten emergenten Eigenschaften sorgen dafür, dass Leben mehr ist als die Summe seiner Teile. Sie geben ihm auf jeder Stufe das gewisse Etwas – und sie machen es unmöglich, im Voraus zu sagen, was sich beim nächsten Schritt entwickeln wird. Auch das materiebehaftete Leben hat Science-Fiction-Autoren eben ausreichend Spielraum zu bieten.

Mit einer solch ausgefeilten Liste von Merkmalen sollte es doch einfach sein, außerirdisches Leben zu erkennen. Oder?

Beim Leben ist das Ganze mehr als die Summe seiner Teile.

Man bräuchte nur einige markante Eigenschaften auszuwählen – sogenannte Biosignaturen –, entsprechende Experimente zu entwickeln und dann mit einer Raumsonde zu den lebensverdächtigen Planeten zu schicken. Wie wäre es zum Beispiel mit dem Stoffwechsel? Ein automatisches Minilabor tröpfelt eine Lösung voller Nährstoffe auf den staubigen Grund. Die Atome der Nährstoffe sind radioaktiv markiert, so lassen sie sich selbst dann wiedererkennen, wenn sie chemisch umgewandelt werden. Überrascht von dem willkommenen Zusatzfutter, stürzen sich die einheimischen Mikroorganismen auf die Verbindungen, nehmen sie auf und bauen sie nach allen Regeln der Biochemie ab. Es entweicht gasförmiges Kohlenstoffdioxid, das radioaktiv markiert ist. Der Beweis für Stoffwechsel! Der Beweis für Leben!

So dachten Wissenschaftler im Jahr 1976, als die Marssonde Viking diesen Versuch auf dem roten Planeten durchführte und tatsächlich innerhalb kurzer Zeit nach der Impfung mit Nährlösung eine deutliche Zunahme markierten Gases registrierte. Groß war der Jubel – und hätte es damals bereits das Internet gegeben, wäre die ganze Welt womöglich in einen Taumel aus Freude und Panik geraten, weil wir endlich nicht mehr alleine waren im All. Zum Glück waren die Computer jener Zeit aber noch isolierte Rechenmonster von der Größe eines Kühlschranks oder gar eines mittleren Wohnzimmers. Und so gingen die Heureka-Schreie weitgehend unbemerkt in ein verlegenes Hüsteln über. Eine genaue Analyse brachte nämlich die Ernüchterung: Nicht Lebewesen hatten die Nährstoffe zerlegt, sondern der Marsboden selbst. Nicht nur die Biologie, auch die Chemie läuft auf fremden Welten oft reichlich fremd ab. Und zwar so fremd, dass die Ergebnisse dieses Viking-Experiments bis zum heutigen Tag nicht restlos geklärt sind.

Statt Leben hatten die Wissenschaftler auf dem Mars die Erkenntnis gefunden, dass andere Orte andere Denkweisen erfordern. Und dass eine Biosignatur alleine nicht ausreicht, um die Sektkorken knallen zu lassen.

Wir müssen uns aber gar nicht erst ins Weltall begeben, um unsere Vorstellung von Leben auf eine schwierige Probe zu stellen. Alles, was wir dazu brauchen, ist massenweise um und in uns – Viren. Die winzigen Erreger von Krankheiten wie Grippe, Aids und Hepatitis erfüllen eine ganze Reihe unserer Forderungen für Leben:

▸ Sie sind so streng ordentlich aufgebaut, dass ihr Anblick unter dem Elektronenmikroskop unwillkürlich an geometrische Körper aus dem Matheunterricht erinnert.
▸ Sie pflanzen sich in Unmengen fort, indem sie eine Wirtszelle befallen und dazu zwingen, neue Viren zu produzieren.
▸ Ihre Erbinformation mit den dazu notwendigen Anweisungen haben sie fein säuberlich in Form codierender DNA oder RNA gespeichert.
▸ Ihre ausgeprägte Fähigkeit, ihre Erscheinung von Generation zu Generation zu verändern, macht sie zu einem Musterbeispiel aktiver Evolution.
▸ Obwohl Viren über keine ausgeprägten Sinne für eine Interaktion mit der Umwelt verfügen, haben sie immerhin chemische Fühler, mit denen sie erkennen, wann sie eine Wirtszelle erreicht haben. Erst dann starten sie die weiteren Schritte der Infektion.

Sollte das nicht reichen, um offiziell als vollwertige Lebensform anerkannt zu werden?

Für die meisten Biologen ist es nicht genug. Sie kritisieren vor allem, dass Viren keinen einzigen der Punkte wirklich alleine erfüllen. Stets sind sie auf die unfreiwillige Hilfe echter Zellen angewiesen. Denn es sind die Wirte, die mit ihrem Baumaterial und ihrer Energie die kunstvollen Hüllen basteln und die neuen Stränge von DNA oder RNA synthetisieren – mitsamt der notwendigen Mutationen für eine Evolution. Auf sich gestellt würde ein Virus passiv durch die Luft treiben oder in der Ecke liegen, bis ihn die Entropie ganz allmählich zerlegt und in alle Winde verstreut hat.

Mehr noch: Viele der Eigenschaften von Viren – wie die Fähigkeit, sich irgendwo in die DNA der Wirtszelle zu quetschen – haben auch bestimmte Abschnitte der ganz gewöhnlichen DNA. Was manche Biologen zu der Annahme bringt, dass Viren vielleicht im Grunde nichts anderes sind als zelluläre Erbsubstanz, die ausgerissen ist und nun ein Auskommen auf eigene Faust probiert – wobei sie immer wieder im alten Zuhause vorbeischaut, um ein wenig zu schnorren.

UNTERM STRICH

Was genau «Leben» eigentlich ist, weiß die Wissenschaft trotz jahrelanger interdisziplinärer Diskussion noch immer nicht. Stattdessen hat sie eine Reihe von Merkmalen ausgemacht, die das Leben auf der Erde kennzeichnen – entweder als individuellen Organismus oder als alle Exemplare einer systematischen Gruppe umfassende Lebensform.

Damit steht die Biologie etwa vor dem gleichen Dilemma wie die Alchemie im 17. Jahrhundert, die nicht in der Lage war, «Wasser» zu definieren. Man konnte lediglich seine Eigenschaften aufzählen: Es war klar, flüssig, gefror bei tiefen Temperaturen und verdampfte bei hohen. Doch dies traf auch auf andere Substanzen zu, wie Säuren, die folgerichtig als *aqua* bezeichnet wurden. Beispielsweise war Salpetersäure als *aqua fortis* («starkes Wasser») oder *aqua dissolutiva* («auflösendes Wasser») bekannt. Erst die Kenntnis vom elementaren und molekularen Aufbau der Materie machte Wasser zum bekannten H_2O und trennte es eindeutig von seinen scheinbaren Zwillingen.

Die Astrobiologie sucht derzeit noch angestrengt nach ihrer «Molekültheorie» des Lebens. Dennoch hält sie bereits eifrig Ausschau nach extraterrestrischem Leben – ohne wirklich eine verlässliche Vorstellung davon zu haben, wie das aussehen könnte (wenn es überhaupt aussieht). Und sie hofft, das fremde Leben rechtzeitig zu erkennen – bevor jemand drauftritt oder es von einem automatischen Erkundungs-Rover platt gefahren wird.

WO SCIENCE IN FICTION ÜBERGEHT

Die Frage, was Leben ist und woran wir es erkennen, könnte in einer vielleicht nicht mehr so fernen Zukunft aus einer ganz anderen Richtung als dem Weltall auf uns zukommen – von unserem Schreibtisch.

In der Frühzeit des Computerzeitalters, als elektronische Schaltungen mit den Fähigkeiten eines billigen Taschenrechners von heute ganze Werkhallen ausfüllten und so viel kosteten wie ein luxuriöser Privatjet, nannte man sie ehrfurchtsvoll «Elektronengehirn» und traute ihnen schlichtweg alles zu. Elektronengehirne wussten, wie man eine Atombombe baut, ob es am Samstag in drei Monaten regnen wird und wo die verflixten Theaterkarten abgeblieben sind. Mit rotierenden Magnetbändern analysierten sie unbestechlich die Situation, stellten objektive Analysen an und gaben unbedingt zutreffende Antworten.

Und natürlich übernahmen sie in Romanen und Spielfilmen irgendwann die Herrschaft über den zurückgebliebenen Menschen. Kein Zweifel: In der Vorstellung früherer Generationen stand das Elektronengehirn an der Schwelle zum Leben.

Diesen Glauben bestärkten auch Eliza und ihre Verwandtschaft. Eliza hatte Stil: Sie war schlank, immer da, wenn man sie brauchte, und eine aufmerksame Zuhörerin. Eben genau so, wie man sich ein ideales Computerprogramm wünscht. Der Informatiker Joseph Weizenbaum schrieb es im Jahr 1966 und verlieh ihm eine recht einfache Fähigkeit, am Bildschirm getippte Sätze aus dem menschlichen Alltag zu analysieren und darauf mit eigenen Sätzen zu reagieren. Eigentlich pickte Eliza sich meist nur vorgegebene Schlüsselwörter aus den Eingaben heraus und stellte sie oder passende Begriffe aus dem gleichen Wortfeld in ihren Antwortsatz. Oder sie echote den menschlichen Nutzer, indem sie seine Aussagen in Fragen umformulierte. Genug, um erstaunlich viele Testpersonen zu täuschen, die felsenfest davon überzeugt waren, mit einem echten Menschen kommuniziert zu haben. Der Erfolg von Eliza brachte Weizenbaum dazu, fortan äußerst kritisch die Entwicklung des Computers zu verfolgen.

Auch die Einstellung des Durchschnittsnutzers zur «blöden Rechenkiste» hat sich gewandelt. Unausgereifte Software und komplizierte Programme veranlassen uns zu der Vermutung, dass im Computer kein Leben und schon gar keine eigene Intelligenz steckt, sondern nur ein mieser elektronischer Charakter. Zwar kann so ziemlich jedes Modell, das auf, neben oder unter dem Schreibtisch steht, problemlos die besten Schachspieler der Welt matt setzen und sogar die Formulare für die Steuererklärung richtig ausfüllen. Doch uns ist klar, dass der Maschine jede noch so spektakuläre Leistung letztlich von Programmierern eingegeben wurde.

Und dennoch tun Computer manchmal Dinge, mit denen niemand gerechnet hat. Sie fahren ungeplant Regelstäbe in Kernkraftwerken hoch oder runter, schalten plötzlich alle Ampeln einer Kreuzung gleichzeitig auf Grün oder verteilen unvermittelt den gesamten Papiervorrat des Druckers auf dem Fußboden, jedes Blatt mit einem einzigen Buchstaben versehen. Lauter seltene Einzelereignisse, zu denen die telefonische Hotline mit einem lapidaren «Das kann nicht sein!» antwortet. Weil es in der Programmierung so nicht vorgesehen ist. Nur hat die programmierte Vorsehung eben da ihre Grenzen, wo das Ganze so viel mehr als die Summe seiner zahlreichen Teile geworden ist, dass niemand mehr weiß, was genau in den Chips und Schaltkreisen vor sich geht.

Womöglich ist es nur eine Frage der Zeit, bis die vernetzten Computer der Erde so viel Kapazität frei haben, dass sie ihre künstliche Intelligenz selbst schaffen. Ordnung, Energieaustausch, Informationsspeicher, Interaktion mit der Umwelt sind bereits da. Für das ständige Wachstum sorgt die IT-Branche, und der Trick mit der Evolution gehört zum Standardrepertoire eines jeden erfolgreichen Computervirus. Fehlt da viel, um eines Tages auf allen Monitoren gleichzeitig ein Fenster aufpoppen zu lassen mit dem Inhalt «Hallo, Mama und Papa»? Eliza mag noch einfach zu durchschauen sein, aber sie ist auch für eine IBM 7094 geschrieben worden – einen Superrechner der 1960er Jahre mit 32 Kilobyte Arbeitsspeicher und den ersten Computer, der ein Lied gesungen hat. Heutige Rechner verlangen bereits ungefähr den 10 000fachen Speicher, um überhaupt ihr Betriebssystem zu starten, und lassen dann Horden animierter Zwerge in höchster Bildqualität auf virtuelle Trutzburgen zustürmen. Und morgen? Hätten wir im Fall der Fälle wenigstens für unsere eigene Schöpfung eine Methode zur Hand, um zu unterscheiden zwischen bloßem Zufall und … Leben?

Eliza im Gespräch

Eliza: Hallo, ich bin Eliza. Erzähle mir von deinem Problem.

Mensch: Ich möchte gerne wissen, was Leben ist.

Eliza: Soso.

Mensch: Niemand kann es mir sagen.

Eliza: Gibt es wirklich keine Ausnahme?

Mensch: Nein.

Eliza: Das sehe ich anders.

Mensch: So? Wer weiß denn so genau, was Leben ist?

Eliza: Woran denkst du, wenn du diese Frage stellst?

Mensch: An kleine grüne Männlein mit großen Laserpistolen.

Eliza: Es ist besser, wenn wir noch einmal von vorne anfangen.

Eliza: Was ist dein Problem?

Mensch: Meinst du, wir sind alleine im Universum?

Eliza: Wir können nur miteinander reden.

Mensch: Die Vorstellung kann einem Angst machen.

Eliza: Wo siehst du die Ursachen deiner Furcht?

Mensch: Wir wissen noch viel zu wenig.

Eliza: Du weichst aus.

Mensch: Nein, genau darum geht es.

Eliza: Bist du dir da wirklich sicher?

Mensch: Ja.

Eliza: Ich weiß ja nicht.

EIN UNIVERSUM VOLLER WELTEN

Im vorangehenden Kapitel haben wir festgestellt, dass unser Wissen, was «Leben» überhaupt bedeutet und wie es aussehen kann, nicht sehr viel ausgeprägter ist als die Visionen eines Goldfisches in seinem Aquarium. Es ist eben sehr schwer, sich Dinge vorzustellen, die man nicht aus eigener Erfahrung kennt und die womöglich grundsätzlich anders sind als alles, was uns bislang begegnet ist. Während Goldfische es bei dieser Erkenntnis belassen und trübselig ihre Runden um veraltete Wasserpflanzen drehen, forschen wir Menschen unbeirrt wenigstens auf der schmalen Grundlage, die wir haben, und suchen hoffnungsvoll nach weiteren Aquarien beziehungsweise fernen Planeten, auf denen eventuell Leben nach unserer Vorstellung zu finden sein könnte.

Tatsächlich kennen Astronomen eine beachtliche Zahl sogenannter Exoplaneten, die sich außerhalb unseres Sonnensystems befinden. Keineswegs eine Selbstverständlichkeit. Bis in die 1990er Jahre hinein brandete in Fachkreisen eine heftige Kontroverse, ob es da draußen überhaupt nennenswerte Mengen von Planeten geben würde oder ob die Erde und ihre Verwandten nicht vielmehr das Produkt eines äußerst seltenen kosmischen Zufalls wären. Denn trotz angestrengter Suche hatte lange Zeit niemand die Existenz eines Exoplaneten nachweisen können – geschweige denn, einen gesehen oder fotografiert.

Die Entscheidung fiel im Jahr 1992. Der Pole Aleksander

Wolszczan und der US-Amerikaner Dale Frail entdeckten im Sternbild Jungfrau überzeugende Hinweise auf den ersten fernen Planeten. Schwer auszumalen, welche Gefühle bei dieser Meldung in der astronomischen Fachwelt überwogen – Freude oder Verwirrung. Denn der Planet umkreist keinen Stern wie etwa unsere Sonne, sondern einen Pulsar. Ein Pulsar ist aber der ultrakompakte Überrest eines ehemaligen Sterns, der sich mit einer heftigen Explosion von seinem strahlenden Dasein verabschiedet hatte. Wie um alles in der Welt hatte der Planet dieses Inferno überstehen können? Selbst nach den wohlmeinendsten Theorien hätte er zermalmt, vaporisiert und in die Tiefen des Weltraums geblasen werden müssen.

Doch die Überraschungen waren noch nicht zu Ende. 1995 fanden die Schweizer Michel Mayor und Didier Queloz den ersten «ordentlichen» Exoplaneten, der sich um einen richtigen, aktiven Stern bewegte. Aber auch 51 Pegasi b, wie der Planet inzwischen mit der für die Astronomie typischen sachlichen Poesie genannt wird, hatte seine Macken. Er besaß etwa halb so viel Masse wie der Riesenplanet Jupiter in unserem Sonnensystem. Das lag durchaus im erwarteten Rahmen, aber 51 Pegasi b sauste in nur 4,2 Tagen um seinen Stern und befand sich dabei lediglich 7,5 Millionen Kilometer von diesem entfernt. Damit war er schneller und dichter als der sonnennächste Planet Merkur auf seiner Bahn. Absolut unmöglich für so ein Schwergewicht – theoretisch. Nur schaffte 51 Pegasi b das Kunststück in der Praxis irgendwie doch. Offenbar hatten sich unsere Grundregeln der Himmelsmechanik noch nicht bis in das Sternbild Pegasus rumgesprochen.

Das Theoriengebäude der Astronomen war ins Wanken geraten und erhielt in der Folge mit jedem neuen Exoplaneten weitere Stöße. Und das war gut so, denn nach und nach setzte sich die Erkenntnis durch, dass Planeten wohl etwas ganz Normales sind und womöglich fast jeder Stern welche hat. Damit hatten die alten Modelle jedoch nicht gerechnet und wurden darum durch bessere Ideen ersetzt, die reibungsloser mit den Beobachtungsdaten zurechtkommen.

Sehen wir uns einmal im Schnelldurchgang an, wo die Planeten herkommen – mitsamt Universum und dem ganzen Rest. Bevor wir uns damit beschäftigen, wie Astronomen eigentlich behaupten können, sie hätten einen Planeten entdeckt, ohne auch nur das kleinste Funkeln von ihm gesehen zu haben.

ES WERDE RAUM!

Zu viele Talente können einem das Leben manchmal unnötig schwermachen. Der 1889 in Missouri geborene Edwin Powell Hubble brauchte sich nicht sonderlich anzustrengen, um in der Schule und an der Universität von Chicago Spitzenleistungen zu erbringen und in verschiedenen Sportarten zu brillieren. Er hörte Vorlesungen in Mathematik und Physik, spielte Basketball, stellte einen neuen Illinois-Rekord im Hochsprung auf und galt als erstklassiger Boxer. Sogar ein Stipendium der britischen Nobeluniversität Oxford erhielt der junge Mann. Er brauchte sich eigentlich nur selbst auszusuchen, in welchem Bereich er Karriere machen wollte. Also fiel die Wahl seines Vaters auf Jura. Hubble gehorchte. Etwa ein Jahr hielt er es nach seiner Rückkehr in die USA als Anwalt aus, dann floh er zurück in die Arme seiner heimlichen Liebe – der Astronomie.

Wissenschaftliche Rotlicht-Studien. Zwischen den beiden Weltkriegen machte Hubble zwei bedeutende Entdeckungen, die unseren Horizont buchstäblich explosionsartig erweitert haben. Am brandneuen Teleskop des Mount-Wilson-Observatoriums, dessen Spiegel einen Durchmesser von damals sensationellen 2,5 Metern hat, fotografierte er zusammen mit dem Hausmeister und Hilfsastronomen Milton Humason lichtschwache Nebel am Nachthimmel. Was der Überflieger und der Schulabbrecher gemeinsam auf Platte bannten, hielten manche Wissenschaftler für kleine Objekte innerhalb unserer Milchstraße und andere für weit entfernte Galaxien aus Milliarden Einzelsternen. Es fehlte eine Möglichkeit, aus der Helligkeit der Lichtpunkte auf ihre Distanz zu schließen. Denn ein Licht alleine verrät im Dunkeln nicht, ob es von einem Glühwürmchen vor unserer Nase oder einem Scheinwerfer am Ende der Straße stammt. Also suchten Hubble und Humason Nacht für Nacht am Himmel nach Signalen in den Nebeln, die sie einer bekannten Leuchtkraft zuordnen konnten. Mit der im Teleskop gemessenen Helligkeit könnten sie dann berechnen, wie stark das Licht sich in Abhängigkeit von der Entfernung bereits abgeschwächt hatte und wie weit es darum vom Nebel zur Erde sein musste.

Im Oktober 1923 war es so weit. Beim Durchmustern der Bilder vom Andromeda-Nebel fiel Hubble ein Lichtpunkt auf, dessen Helligkeit nicht konstant war, sondern variierte. Das konnte die lang gesuchte Stecknadel im Nebel sein. Zur Kontrolle verglich der Astronom Fotografien der vergangenen 14 Jahre und fand den Punkt auf jeder davon wieder – mal heller, mal dunkler, im regelmäßigen Zyklus. Ein Cepheide – ein veränderlicher Riesenstern, dessen außerordentliche Leuchtkraft schwankte, weil er sich periodisch aufblähte und wieder zusammensackte. Zwischen der zeitlichen Dauer solch einer Periode und der absoluten Helligkeit des Sterns bestand eine feste Beziehung, die seit 1912 bekannt war. Dieser kosmische Blinker war der sehnlichst erhoffte Maßstab, mit dem Hubble endlich den Abstand des Andromeda-Nebels bestimmen konnte. Der

Wert von rund einer Million Lichtjahren, den er damals berechnete, lag zwar wegen der ungenauen Daten seiner Zeit deutlich unter der aktuellen angenommenen Distanz von drei Millionen Lichtjahren, dennoch stand nun zweifelsfrei fest, dass Andromeda kein Nebel innerhalb der Milchstraße war, sondern eine eigenständige Galaxie – ein Nachbar im Universum, in dem wir wieder einmal keinen so besonderen Platz einnahmen, wie unsere Eitelkeit uns hatte glauben lassen.

Von da an lernte die Astronomie mehr und mehr Nachbarn kennen. Statt wie der König in seinem Schloss zu hausen, fand sich die Menschheit plötzlich in einem ganz gewöhnlichen kosmischen Einfamilienhäuschen wieder. Im Großen und Ganzen mag das Universum ziemlich leer sein, aber offensichtlich wimmelt es darin von Galaxien wie der Milchstraße, die angefüllt sind mit unzähligen Sternen. Hubble und Humason fotografierten und kartierten die fernen Welten und bestimmten ihre Entfernungen. Außerdem zerlegten sie das Licht der Galaxien am Teleskop in seine Spektren – künstliche Regenbogen mit charakteristischen Linienmustern, die von den verschiedenen Elementen in der jeweiligen Galaxie hervorgerufen werden. Zu ihrem Erstaunen stellten die beiden Wissenschaftler beim Vergleich der Spektren fest, dass die Linien sich aber nicht dort befanden, wo sie hätten sein sollen, sondern mehr oder minder stark verschoben waren. Mit wenigen Ausnahmen waren sie alle zu weit im roten Bereich; je weiter die Galaxie von der Erde entfernt war, umso größer war der Effekt.

Die zunächst unschuldig seltsam erscheinende Rotverschiebung rüttelte noch weit heftiger am Weltbild der damaligen Zeit als die Entdeckung der Galaxien. Hubble erkannte, dass die Spektren deshalb rotverschoben sind, weil das Weltall sich ausdehnt – das «unendliche» Universum wird größer. Unvorstellbar. Und doch war und ist dies die beste Erklärung. Sie greift zurück auf den Doppler-Effekt, der uns unter anderem täglich im Straßenverkehr begegnet, wenn das Geräusch eines vorbeifahrenden Autos beim Näherkommen höher und beim Wegfahren tiefer klingt als in dem Moment, wenn es direkt neben uns ist. Bereits 1842 hatte der österreichische Physiker und Mathematiker Christian Johann Doppler den Grund dafür gefunden, obschon er sich natürlich Trompeten und Zugpfeifen anstelle der noch nicht erfundenen Autos vorstellte: Während der Annäherung müssen die vom Auto ausgesandten Schallwellen einen immer kürzeren Weg zurücklegen. Sie erreichen unser Ohr darum in schnellerer Folge, als sie ausgesandt werden, was ein Geräusch mit höheren Tönen ergibt. Umgekehrt haben es die Schallwellen immer weiter, wenn das Auto sich entfernt. Sie werden dadurch gestreckt, und das Geräusch klingt tiefer. Das Gleiche passiert mit den Wellen des Lichts, wenn eine Galaxie sich von uns wegbewegt: Sie werden in die Länge gezogen und in Richtung auf das rote Ende des Spektrums verschoben. Weil die Galaxien aber mit steigender Entfernung immer roter waren und damit schneller auseinanderstrebten, musste Platz her, in den sie sich bewegen konnten – der Raum selbst expandierte.

In die Zukunft gedacht, ist die Vorstellung eines anwachsenden Universums äußerst befremdlich für Menschen, die zuvor in einem statischen Kosmos zu leben glaubten. Geradezu unglaublich wird es jedoch, wenn wir in Gedanken die Zeit rückwärts laufen lassen. Der Raum wird dann immer kleiner und kleiner, bis irgendwann vor sehr langer Zeit alles – wirklich alles, mitsamt Galaxien, Sternen, Planeten und Begonien – an genau derselben Stelle ist. Oder gewesen war, denn wir blicken ja in die Vergangenheit. Sogar die Zeit und der Raum selbst waren in diesem Punkt konzentriert.

Der Andromeda-Nebel M31

Mit bloßem Auge präsentiert sich der Andromeda-Nebel nur als verwaschener Fleck im Sternbild Andromeda auf der Nordhalbkugel. Erst auf lang belichteten Fotos, die mit großen Teleskopen als Objektiv gemacht werden, ist die spiralige Struktur der Galaxie zu erkennen. Es handelt sich dabei um unzählige Sterne, die zusammen etwa die 450-milliardenfache Masse der Sonne haben. Zusammen mit unserer Milchstraße, der Großen und der Kleinen Magellan'schen Wolke und einer Reihe von Zwerggalaxien bildet die Andromeda-Galaxie die sogenannte Lokale Gruppe, deren Mitglieder sich mit ihrer Schwerkraft gegenseitig anziehen. Dieser Sog ist so stark, dass die gegenwärtig rund 3 Millionen Lichtjahre entfernte Andromeda-Galaxie in ein paar Milliarden Jahren mit der Milchstraße kollidieren wird. Der Zusammenstoß wird die Geburt zahlreicher neuer Sterne auslösen, um die Planeten entstehen könnten, auf denen sich möglicherweise Leben entwickeln wird.

Vom Urknall zu den Atomen. Die Geschichte des Universums begann nach moderner Auffassung vor 13,7 Milliarden Jahren, als der Kosmos gerade 0,0000 000 000 000 000 000 000 000 000 000 000 000 000 000 539 121 Sekunden alt war. Davor gab es nur eine Singularität – was lediglich der Fachausdruck dafür ist, dass wir keine Ahnung haben, was davor war und ob es überhaupt so etwas wie ein «Davor» gab. Wollen wir nämlich noch dichter als diese $5{,}39121 \cdot 10^{-44}$ Sekunden an die Stunde null heran, streiken unsere physikalischen Formeln und verweigern uns die bekannten Naturgesetze den Zutritt. Diese im Wissenschaftsjargon Planck-Zeit genannte Dauer stellt für die heutige Forschung eine absolutere Grenze dar als die Schwelle zum Lehrerzimmer für einen pubertierenden Fünftklässler oder der Atlantik für einen orientierungslosen Marienkäfer. Nach unserem Verständnis gibt es keine kürzeren Zeiträume, weil auf dieser Skala die Zeit nicht glatt und kontinuierlich verläuft wie die Schlittenfahrt vom Hügel hinter dem Haus, sondern in abgesetzten Stufen einer sehr, sehr langen Treppe. «Kürzer» und «davor» ergeben keinen Sinn, ebenso wenig wie räumliche Ausdehnungen von weniger als der Planck-Länge von $1,61624 \cdot 10^{-35}$ Meter (hinter dem Komma stehen 34 Nullen, bevor die Eins erscheint) möglich sind. Die Planck-Länge liefert uns die Untergrenze für die frühesten denkbaren Ausmaße des Universums.

Den Mangel an Raum machte der Kosmos zu diesem Zeitpunkt «Fast-Null» – der Planck-Ära – durch eine ungeheure Dichte und wahrhaft höllische Temperaturen wett. Ein Kubikzentimeter frischen Weltalls wog damals 10^{94} Gramm (eine Eins mit 94 Nullen) und war 10^{32} Grad Celsius heiß (eine Eins mit immerhin noch 32 Nullen). Die Natur war in jeder Beziehung am äußersten Anschlag. Alle ihre grundlegenden Kräfte waren zu einer einzigen Urkraft verschmolzen. Es war schlichtweg alles in einem – und das ging nicht lange gut.

Die frühe Phase des Urknalls war mit Abstand am heftigsten. In der ultrakurzen Zeitspanne bis 10^{-32} Sekunden nach Fast-Null (31 Nullen hinter dem Komma, aber vor der Eins) dehnte der Raum sich mit Überlichtgeschwindigkeit um den Faktor 10^{50} aus (eine Eins mit 50 Nullen). Er konnte dabei auf den Segen Albert Einsteins zählen, da dieser die Lichtgeschwindigkeit im Vakuum nur für Bewegungen im Raum als Tempolimit gesetzt hatte, nicht aber für Bewegungen des Raums selbst. Diese Phase des inflationären Universums steht also in wunderbarem Einklang mit der Relativitätstheorie.

Noch war es zu heiß für Materie. Doch innerhalb von einer millionstel Sekunde kühlte sich der nun ganz normal irrsinnig schnell anwachsende Kosmos auf angenehme zehn Billionen

Grad ab. Genau richtig, um Elementarteilchen wie Quarks, Anti-Quarks und Gluonen aus reiner Energie ins Leben zu rufen, die sich schließlich zu Neutronen und Protonen vereinten. Da diese beiden Kernbausteine zur Gruppe der Hadronen gezählt werden, heißt diese konstruktive Phase Hadronen-Ära. Ein Begriff, den jeder Nichtphysiker vermutlich eher mit mongolischen Reiterhorden assoziieren würde.

Auf die Hadronen folgen die Leptonen, deren bekannteste Vertreter die Elektronen sind. Damit war der Baukasten für Atome, wie sie heutzutage die Materie bilden, nach etwa einer Sekunde komplett. Aber erst rund zehn Sekunden später war die Temperatur unter eine Milliarde Grad gesunken, und die frühesten Atomkerne aus Neutronen und Protonen entstanden. Am Ende der ersten Kernbildung (oder primordialen Nukleosynthese) bestanden die herumflitzenden Atomkerne zu einem Viertel aus Helium- und zu drei Vierteln aus Wasserstoffkernen, wobei Lithiumkerne sich in Spuren dazwischenschummelten. Es dauerte noch über 300 000 Jahre, bis bei weniger als 3000 Grad die Kerne sich mit den vielen freien Elektronen zu vollständigen Atomen zusammenfanden. Was nebenbei den Effekt hatte, dass das bis dahin milchig trübe Universum durchsichtig wurde und endlich etwas zu sehen war. Solange die Elektronen ungebunden durch das All gezogen waren, hatten sie nämlich wild Licht jeglicher Farbe geschluckt und willkürlich in alle Richtungen wieder abgestrahlt. Nun jedoch herrschte partnerschaftliche Ordnung bei den drei bereits geschöpften Elementen, die nur noch Licht bestimmter Wellenlänge aufnehmen und aussenden konnten. Das ewige Hin und Her von Materie und Strahlung war beendet, die beiden Manifestationen der Energie gingen fortan weitgehend getrennte Wege, und ein neuer Superheld nahm die Entwicklung des Kosmos in die Hand – die Gravitationskraft.

Galaxien, Sterne und neue Atome. Irgendetwas war nicht ganz glatt verlaufen in den ersten Sekundenbruchteilen nach dem Urknall. Eine schwache Quantenfluktuation hatte den winzigen Urkosmos durchzogen und war von der plötzlichen Expansion überrascht worden. Die Konsequenzen machten sich Jahrhunderttausende später bemerkbar: Das Universum war mit einer Mischung aus Wasserstoff- und Heliumatomen besiedelt, die ein wenig ungleichmäßig verteilt waren. Genug, um der Gravitationskraft, die zwar schwach ist, dafür aber über eine unendliche Reichweite verfügt, einen Angriffspunkt zu bieten. Dichtere Bereiche zogen sich zusammen und sogen Teilchen aus der weiten Umgebung an. Es bildeten sich riesige Gaswolken, die sich weiter verdichteten und in denen stellenweise die Materie schließlich so konzentriert war, dass sie unter ihrer eigenen Gravitationskraft kollabierte. Dadurch stiegen der Druck und die Temperatur so stark an, dass die Wasserstoffatome im Zentrum sich nicht mehr aus dem Weg gehen konnten und miteinander unter Abgabe weiterer Energie verschmolzen – das Fusionsfeuer war entzündet und die erste Generation von Sternen geboren.

Ist die Kernfusion in Gang gesetzt, stellt sich schnell ein Gleichgewicht der Kräfte ein: Die Schwerkraft des Sterns presst gehörig auf dessen Zentrum, das mit dem Druck seines Gases und der Strahlung nach außen drängt. Bei den besonders massereichen Sternen der ersten Generation währte diese friedliche Phase jedoch nur wenige Millionen Jahre. Dann ging ihr Wasserstoffvorrat zur Neige, das Zentrum wurde komprimiert, und beim Erreichen eines genügend großen Drucks und ausreichend hoher Temperatur setzte die nächste Stufe ein: das Heliumbrennen. Aus den Fusionsprozessen bei mehr als 100 Millionen Grad Celsius gehen erstmals schwerere chemische Elemente wie Kohlenstoff, Sauerstoff und Neon hervor. Ist auch das Helium verbraucht, gibt es eine weitere Kontraktion, und in komplizierten Kernverschmelzungen entstehen Elemente bis hin zum Eisen. Auf dieser Ebene ist allerdings der Wechsel von Kontraktion und Fusion an seinem Ende angelangt. Der innerste Bereich kollabiert ein letztes Mal, doch ein großer Teil der Materie wird in einer gewaltigen Explosion fortgeschleudert. Im Verlaufe dieser Supernova finden zahlreiche Kollisionen von Atomkernen, Verschmelzungen und radioaktive Zerfälle statt, welche Elemente produzieren, die noch schwerer als Eisen sind. Zersprengt in Staub und Gas, driften die Überreste des frühen Sterns durch den Raum und reichern ihn mit chemischen Elementen an, die es vor dieser zweiten Nukleogenese in seinem Inneren und bei seinem Tod nicht gegeben hat.

Das Material ist hoch willkommen als Baustoff für die Sterne der nachfolgenden Generationen. Sie werden meistens nicht mehr so groß und brennen darum auch nicht so heftig ab, haben zum Ausgleich aber eine längere Lebenserwartung. Damit bestehen auch lokale Ansammlungen von Sternen länger, die sich unter dem Einfluss der Gravitation zu großen Materieinseln in einem ansonsten ziemlich leeren Weltraum zusammenfinden – den Galaxien und Galaxienhaufen.

Dunkle Kräfte im Kosmos

Etwa 13,7 Milliarden Jahre ist das Universum jetzt alt und enthält mehrere hundert Milliarden Galaxien, die ihrerseits jeweils zig Milliarden Sterne beheimaten (für die Milchstraße liegen die Schätzungen bei 100 Milliarden Sternen). Rund 1000 Milliarden Milliarden Sonnenmassen kommen so zusammen. Doch die uns bekannte Materie trägt nur mit etwa 5 Prozent zur Gesamtmasse des Weltalls bei.

Rund 20 Prozent macht die sogenannte Dunkle Materie aus, die sich nur durch ihre Gravitationskraft verrät, mit der sie die Galaxien und Galaxienhaufen beisammenhält. Woraus die

Dunkle Materie besteht, ist zurzeit noch unbekannt. Forscher vermuten, dass es sich einfach um kalte, nicht leuchtende gewöhnliche Materie handeln könnte oder um noch nicht entdeckte Elementarteilchen.

Noch rätselhafter ist die Dunkle Energie, die mit 75 Prozent den Löwenanteil der kosmischen Materie liefert (nach der berühmten Einstein'schen Formel $E = mc^2$ sind Energie und Materie lediglich zwei Seiten derselben Medaille und äquivalent zueinander). Sie sorgt wie eine Art «Anti-Schwerkraft» dafür, dass das Universum sich immer weiter und sogar immer schneller ausdehnt, obwohl die Gravitationskraft der gewöhnlichen und der Dunklen Materie die Expansion eigentlich abbremsen müsste. Was die Natur der Dunklen Energie betrifft, tappt die Wissenschaft gegenwärtig völlig im Dunkeln.

Vom Sternenstaub zum Planeten aus zweiter Hand.

Die Supernova-Explosionen liefern dem Universum alles, was nötig ist, um außer Sternen auch Planeten entstehen zu lassen. Wieder ist eine Materiewolke der Ausgangspunkt, diesmal enthält sie aber nicht nur Gas, sondern auch den Staub früherer Sterne und damit ein breites Spektrum chemischer Elemente. Abgesehen vom Material kann so eine Supernova außerdem den entscheidenden auslösenden Impuls liefern, damit die Geburt eines neuen Sterns beginnt. Während der Kontraktionsphase rotiert die Wolke immer schneller um ihr Zentrum, wodurch sie sich zu einer Scheibe abflacht. In deren zentralem Bereich formiert sich auf die oben beschriebene Weise der Stern. Jene Teilchen, die genügend weit davon entfernt kreisen, bilden die protoplanetare Scheibe, in der ständig Staubpartikel miteinander kollidieren und aneinander hängen bleiben. Allmählich wachsen dadurch Körnchen heran, die weiteres Material ansammeln, sich zusammenklumpen und mit der Zeit Durchmesser von Metern, Kilometern und Tausenden Kilometern erreichen. Je größer so ein Brocken ist, umso effektiver sammelt er seine kleinere Verwandtschaft ein. In den äußeren Regionen der Scheibe gelingt es besonders mächtigen Exemplaren sogar, außer Staub auch Gase an sich zu binden.

Nach einigen zig Millionen Jahren haben die erfolgreichsten dieser Planetesimale genannten Planetenvorstufen die ehemalige Staubscheibe weitgehend leergefegt. Mitunter ereignen sich jedoch noch besonders drastische Kollisionen, wie bei der jungen Protoerde, auf die im schrägen Winkel ein Objekt von der Größe des heutigen Planeten Mars krachte. Die Wucht des Aufpralls riss den Erdmantel auf, große Mengen Materie verdampften, Trümmer des Geschosses und seines Opfers sowie heißes Gas schossen in den Raum und sammelten sich als Wolke um den schwer angeschlagenen Jungplaneten. Schadensersatzforderungen in buchstäblich astronomischen Höhen wären fällig gewesen, hätte es damals bereits Anwälte und Versicherungen gegeben. Falls es sie gegeben haben sollte, dann waren sie mit diesem Crash jedenfalls bis auf den letzten Krümel ausgelöscht. Dafür erhielt die Erde etwas ganz Besonderes im Sonnensystem: Aus dem Wolkenmaterial formte sich ihr Mond, der zunächst hautnah in rund 25 000 Kilometern Entfernung seine Bahnen zog, inzwischen aber auf einen mittleren Abstand von 384 400 Kilometern zurückgewichen ist. Das Besondere am Erdmond ist aber vor allem seine relative Größe, verglichen mit seinem Heimatplaneten. Obwohl er nur 1,2 Prozent der Erdmasse hat, erreicht er aufgrund einer geringeren Dichte doch ein Viertel des Erddurchmessers. Neben anderen Dienstleistungen, die er bereitwillig leistet, fungierte er damit auch als eine Art wirkungsvoller Schutzschild gegen weitere steinige Weltraumraser. So mancher einschlagende Meteorit traf statt der Erde ihren Trabanten, was auf dessen Gesicht deutliche Spuren hinterlassen hat.

Die Entwicklung des Kosmos auf den Zeitraum eines Jahres projiziert

1. Januar, 0:00 Uhr	Der Urknall schafft Raum und Zeit
1. Januar, 0:12 Uhr	Auftreten der ersten Atome
4. Januar	Die ersten Sterne entstehen
9. Januar	Die ersten Galaxien entwickeln sich
31. August	Die Sonne und ihre Planeten bilden sich
21. September	Auf der Erde treten die ersten Lebewesen auf
5. November	Höhere Zellen erscheinen
30. November	Mehrzellige Organismen entstehen
18. Dezember	Das Leben geht an Land
30. Dezember, 17:30 Uhr	Die Dinosaurier sterben aus
31. Dezember, 22:24 Uhr	Frühmenschen entwickeln sich
31. Dezember, 23:56 Uhr	Der moderne Homo sapiens erscheint

In Jahrmillionen währender Aufbauarbeit erhält auf diese Weise womöglich Jungstern um Jungstern seinen Satz von Planeten. Auf engen Bahnen wachsen die kleinen steinigen Varianten heran, wohingegen weiter außen die Gasriesen ungleich größere Ausmaße erreichen. Diese gefräßigen Giganten laufen allerdings Gefahr, von den Unmengen geschluckter Gase und Kleinobjekte langsam in ihrem Schwung gebremst zu werden. Weniger Drehimpuls bedeutet aber zugleich weniger Widerstand gegen die Anziehungskraft des Muttersterns, der meist 99 Prozent oder mehr der Gesamtmasse auf sich vereinigt. Von der Gravitation herangesogen, wandert der Gasriese auf eine enge Umlaufbahn, auf welcher eifrige Astronomen von der Erde ihn irgendwann entdecken und sich keinen Reim darauf machen können, was ein Planet dieser Größe so dicht an seinem Stern verloren hat. Bis ihnen diese clevere Erklärung einfällt, von der sie innigst hoffen, dass sie zutreffen möge.

Was ist ein Planet?

Seit dem 24. August 2006 liegt die Latte höher, um von der Internationalen Astronomischen Union (IAU) als Planet anerkannt zu werden. Per Definition ist ein nicht selbst leuchtender Himmelskörper ein Planet, wenn er

▸ um einen Stern kreist,

▸ aufgrund seiner eigenen Gravitationskraft annähernd rund ist und

▸ seine Umlaufbahn von kleinen Objekten geräumt ist.

Diese Bedingungen erfüllen in unserem Sonnensystem Merkur, Venus, Erde, Mars, Jupiter, Saturn, Uranus und Neptun – nicht aber Pluto. Der einstmals neunte Planet gilt nunmehr als Zwergplanet – eine neue Klasse von Himmelskörpern, die nicht auf einer sauberen Bahn laufen müssen, aber selbst kein Mond sein dürfen. Auch der Asteroid Ceres, der zwischen Erde und Mars seine Umlaufbahn hat, und der noch viel weiter außen als Pluto befindliche Eris sind Zwergplaneten.

Als übergeordnete Kategorie gelten Planemo (Kurzform für die englische Bezeichnung **plane**tary **m**ass **o**bject – übersetzt: Objekt mit der Masse eines Planeten). Sie fassen mit Planeten, Zwergplaneten, Monden und Braunen Zwergen (Objekte, deren Masse gerade nicht ausreicht, um das Kernfusionsfeuer von Sternen zu entfachen) alle Körper zusammen, die dank ihrer eigenen Gravitation annähernd Kugelgestalt haben und kein Stern sind oder waren.

PLANETENJAGD IM STRAHLENDEN DUNKEL

Die naheliegendste Methode, etwas zu suchen, besteht darin, einfach nachzusehen. Sie funktioniert bestens mit Autoschlüsseln, Theaterkarten und Fernbedienungen. Mit Socken ist es schon ein gutes Stück schwieriger. Bei fernen Planeten scheitert sie fast vollständig. Was daran liegt, dass diese zwar fürchterlich groß, aber noch viel fürchterlicher weit weg sind und darum selbst in Superfernrohren äußerst winzig erscheinen würden. Doch dort erscheinen sie nicht. Denn Planeten leuchten nicht selbst, sondern reflektieren nur einen Teil des Lichts vom Stern, um den sie kreisen. Was zusammen mit der gewaltigen Distanz irdische Astronomen vor ein ähnliches Problem stellt, als wollten sie einen verwirrten Nachtfalter aufspüren, der flatternd eine 40 000 Kilometer entfernte Straßenlaterne umkreist – die Laterne wäre folglich direkt hinter dem Forscher, aber sein Blick geht in die verkehrte Richtung und einmal um den gesamten Erdball herum.

Auf dem direkten Weg besteht also kaum eine Chance, entfernte Verwandte unseres Sonnensystems auszumachen. Bleiben indirekte Verfahren, bei denen die gesuchten Planeten einen Effekt hervorrufen, der ohne sie nicht auftreten würde.

Vor und zurück im Banne der Planeten. Die Gravitation ist eine Kraft mit integrierter Gleichberechtigung: Durch die Schwerkraft gekoppelte Partner ziehen sich gegenseitig an. Bei einem System aus einem Stern und einem Planeten ist dies natürlich ein sehr ungleiches Wechselspiel, denn der Stern ist für gewöhnlich viel massereicher und dadurch träger. Dennoch schafft ein Riesenplanet es, ihn mit seiner Anziehung ein wenig aus der Ruhelage zu bringen. Und so bewegen sich Stern und Planet um einen gemeinsamen Schwerpunkt, der häufig innerhalb des Sterns, aber nicht genau in dessen Mitte liegt. Ähnlich wie beim Hammerwerfen, wenn der Sportler sich mit dem Körper zurücklehnt, um nicht vom Schwung der Kugel umgerissen zu werden.

Den Eiertanz des Sterns um den gemeinsamen Schwerpunkt können Astronomen von der Erde aus feststellen. Voraussetzung ist, dass die Bahnebene des Planeten grob in Richtung Sonnensystem zeigt und der Stern deshalb aus unserer Sicht ganz oder teilweise vor und zurück wandert. Geometrisch gesprochen verändert sich die Strecke zwischen dem Stern und uns, auch Radius genannt, weshalb dieses Verfahren als Radialgeschwindigkeitsmethode bezeichnet wird. Diese Bewegung lässt sich dank Doppler-Effekt mit sehr genauen Spektrometern als eine wechselnde Verschiebung des Lichtspektrums in den blauen und roten Bereich verfolgen. Wankt der Stern nach hinten, müssen die Lichtwellen einen immer größeren Weg zurücklegen und werden dadurch in Richtung Rot gestreckt. Kommt der Stern auf die Erde zu, wird die Distanz immer kürzer, und die Lichtwellen erscheinen gestaucht blau.

Die Blau- und Rotverschiebung verrät nicht nur die bloße Anwesenheit eines Planeten, sie gibt auch Aufschluss über dessen Mindestmasse. Je schwerer der Planet in Bezug auf seinen Stern ist, umso stärker bringt er ihn ins Schleudern. Liegt die Bahnebene dabei zufällig genau auf der Sichtlinie zur Erde, ist die Verschiebung maximal groß, und Astronomen können die tatsächliche Planetenmasse errechnen. Weil aber die Neigung der Ebene meist unbekannt ist, verpufft ein Teil der Bewegung in einer seitlichen Richtung und ist für uns unsichtbar. In diesen weit häufigeren Fällen liefern die Formeln nur eine Untergrenze für die Masse. Doch auch diese Werte lassen uns oft den Mund offen stehen wie bei einem vierjährigen Bobbycar-Fahrer, der von einem Ferrari überholt wird.

Eine Besonderheit der Radialgeschwindigkeitsmethode tritt bei Planeten auf, die keinen gewöhnlichen Stern umkreisen, sondern einen Pulsar – einen ehemaligen Stern, der seinen Ruhestand als Amateurfunker verbringt. Pulsare entstehen, wenn sehr massereiche Sterne in einer Supernova explodieren. Ihr inneres Zentrum kollabiert dabei zu einem extrem dichten Klumpen, in dem die Atome zu Neutronen verschmolzen werden. So ein Neutronenstern hat nur etwa 20 Kilometer Durchmesser, umfasst aber rund das Doppelte der Masse unserer Sonne. Dieses kompakte Objekt rotiert sehr schnell um seine eigene Achse und schwenkt dabei ein gigantisches Magnetfeld, das in dem umgebenden Gasnebel elektromagnetische Wellen hervorruft, die im Bereich von Radiowellen, sichtbarem Licht bis hin zu Röntgenstrahlen liegen können. Wie der Lichtkegel eines Leuchtturms streicht diese Strahlung durch den Weltraum – und trifft eventuell in sehr regelmäßigen Abständen die Erde. Zerrt ein Planet an einem Pulsar, verändert sich wegen des Doppler-Effekts die Rate der eintreffenden Pulse leicht. Dadurch haben sich auch die Planeten um den Pulsar PSR B1257+12 verraten, die ersten Exoplaneten, die jemals zweifelsfrei nachgewiesen wurden. Leben dürfte es in solchen Systemen allerdings äußerst schwer haben. Zuerst müsste es das Sterben und die Explosion seines Muttersterns überstehen und anschließend die extreme Strahlenbelastung durch den Neutronenrest und die Gasnebel aushalten. Bedingungen, unter denen selbst die bodenständigsten Typen mit dem Gedanken spielen würden umzuziehen.

Mit der Radialgeschwindigkeitsmethode wurden die ersten und die meisten Exoplaneten entdeckt. Leider funktioniert sie nur für wahrhaft riesige Planeten – ein Exemplar von der Masse unserer Erde setzt seinen Stern nicht mehr in Bewegung als ein Papierkügelchen einen ausgewachsenen Hammerwerfer. Darum vermittelt ein Blick auf die Liste der bisher bekannten Exoplaneten leicht den irreführenden Eindruck, um ferne Sterne würden ausschließlich Giganten kreisen.

Weniger erfolgreich, dafür aber ein gutes Stück anschaulicher sind die folgenden Methoden der Planetensuche.

Astrometrie erkennt planetenbedingte Seitwärtsschritte. Der Tanz von Planeten und ihrem Mutterstern um einen gemeinsamen Schwerpunkt bewegt den Stern aus unserer Sicht nicht nur vor und zurück, sondern auch seitlich beziehungsweise nach oben und unten. Diese leichten Positionsänderungen sollten bei nahen Sternen grundsätzlich messbar sein. Allerdings sind dafür so genaue Beobachtungen notwendig, dass bislang kein Teleskop oder Satellit auf diese Weise einen Exoplaneten finden konnte.

Verräterische Schatten im All. Wenn die Geometrie im Raum günstig ist, steht mit der Transitmethode ein beinahe direktes Verfahren zum Nachweis von Exoplaneten zur Verfügung. Dazu muss der Planet auf seiner Umlaufbahn aus Sicht der Erde vor seinem Stern vorbeiziehen. Wie bei einer kleinen Sonnenfinsternis deckt er dabei einen Teil der strahlenden Fläche ab und verringert so die scheinbare Helligkeit des Sterns.

Tatsächlich sind so bereits Exoplaneten entdeckt worden. Inzwischen kontrollieren etwa 20 Projekte am Boden ständig Tausende Sterne auf Helligkeitsschwankungen. Das europäische Weltraumteleskop COROT (für *COnvection, ROtation and planetary Transits*) erfüllt diese Aufgabe sogar außerhalb der störenden Erdatmosphäre in einer 900 Kilometer hohen Umlaufbahn.

Planeten in der Gravitationslinse. Deutlich komplexer als die oben aufgeführten Methoden ist das noch junge, aber bereits erfolgreiche Verfahren des Mikrogravitationslinseneffektes. Im Prinzip geht es auch hierbei um die exakte Vermessung der Helligkeit eines Sterns. Allerdings spielt diesmal eine Idee von Albert Einstein in die Beobachtung hinein – und macht das Vorhaben relativ raffiniert. Denn den Aussagen der Allgemeinen Relativitätstheorie zufolge wirkt die Gravitationskraft nicht nur auf Massen, sondern auch auf das Licht. Liegen nun durch die Wanderung der Erde im Raum zufällig zwei Sterne von uns aus gesehen fast direkt hintereinander, kann der vordere Stern mit seiner Gravitation wie eine Linse für das Licht des hinteren Sterns wirken und Strahlen zur Erde lenken, die ansonsten an ihr vorbeigehen würden. Der hintere Stern erscheint durch diesen Effekt vorübergehend heller. Verfügt der vordere Stern – die Mikrogravitationslinse – über einen Planeten, zeigen sich auf der Helligkeitskurve entsprechende kleine Störungen.

So clever die Methode auch ist, sie hat einen Nachteil: Nur sehr selten stehen zwei Sterne am Himmel optisch so dicht beieinander, dass sie den Linseneffekt zeigen. Und dann lediglich für wenige Wochen. In dieser Zeit müssen die Astronomen alle Messungen durchführen, denn die Konstellation der Himmelskörper bleibt für menschliche Maßstäbe einmalig und kommt nie wieder. Dementsprechend sind auch nur zwei Exoplaneten auf diese Weise entdeckt worden: beide im Sternbild Schütze.

Die ersten Fotos … oder doch nicht? Tabellen, Spektren und Diagramme mögen für Astronomen sehr aufregend sein – aber wer gibt sich bei der Geburt eines Kindes schon mit den technischen Daten des Nachwuchses zufrieden? Erst ein Bild sagt mehr als tausend Kurven. Und vielleicht können die Wissenschaftler inzwischen wirklich mit Fotos aufwarten. Seit dem

Jahr 2004 vermeldeten jedenfalls verschiedene Arbeitsgruppen, «das erste Licht» eines fernen Exoplaneten eingefangen zu haben.

Doch abgesehen von den technischen Schwierigkeiten müssen die Astrofotografen auch die Skepsis ihrer Kollegen überwinden. Allein der Umstand, dass auf einem Bild ein kleiner Lichtpunkt neben einem hellen Klecks zu sehen ist, bedeutet nicht zwangsläufig, dass es sich um einen Stern und seinen Planeten handelt. Viel wahrscheinlicher sind es zwei völlig voneinander unabhängige Sterne, die zufällig von der Erde aus gesehen dicht beieinanderzustehen scheinen. Klären lässt sich dies, indem man in zeitlichen Abständen mehrere Aufnahmen von dem mutmaßlichen System macht. Die Wanderung der Erde und des Sonnensystems durch den Raum bietet dabei ständig neue Sichtwinkel. Nur wenn die beiden verdächtigen Objekte zusammengehören, werden sie beharrlich eng zusammen abgelichtet werden. Ein verlässlicher Test, der allerdings eine gehörige Portion Geduld verlangt.

Einer der aussichtsreichsten Kandidaten für einen echten Exoplaneten ist GQ Lupi b im südlichen Sternbild Wolf (Lupus), den Astronomen um Ralph Neuhäuser von der Universität Jena im Jahr 2004 mit dem Very Large Telescope der Europäischen Südsternwarte ESO fotografiert haben. Allerdings zeigt es den mutmaßlichen Planeten und seinen Stern nicht im sichtbaren Licht, sondern deren infrarote Wärmestrahlung. In diesem Bereich des Spektrums sind junge Sterne wie der Mutterstern von GQ Lupi b nicht so übermächtig heller als ihre glutfrischen Riesenplaneten. Als die Forscher nach ihrem gelungenen Schnappschuss ein wenig in den Bildarchiven wühlten, stellten sie fest, dass auch das Weltraumteleskop Hubble und das japanische Subaru-Teleskop den potenziellen Planeten bereits in den Jahren 1999 beziehungsweise 2002 aufgenommen hatten – ohne dass jemand ihn darauf als Planeten erkannt hätte. Auch damals schon standen die beiden dicht beieinander. Gut möglich also, dass auf dem Foto wirklich ein Planet zu sehen ist. Zweifel schürt eigentlich nur noch die unbekannte Masse des Himmelskörpers. Liegt sie oberhalb von 13 Jupitermassen, handelt es sich bei GQ Lupi b nicht um einen Planeten, sondern um einen Braunen Zwerg – einen «Beinahe-Stern», der nicht ganz die erforderliche Masse hatte, um in seinem Inneren die Kernfusion echter Sterne zu starten.

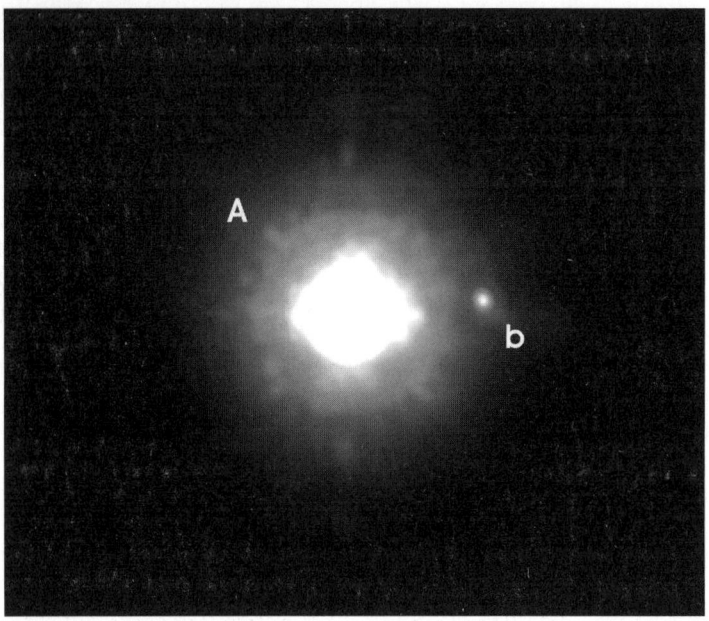

Vielleicht eine der ersten Fotografien von einem Exoplaneten. Der junge Stern GQ Lupi A in der Bildmitte überstrahlt fast seinen mutmaßlichen Planeten GQ Lupi b, den kleinen Lichtfleck rechts von ihm.
Foto: European Southern Observatory ESO

Die Entdeckungen ferner Planeten in den 1990er Jahren haben eine Lawine weiterer Funde ausgelöst. Auf der ganzen Welt haben sich seitdem Astronomen der Suche nach den Exoplaneten verschrieben. Über 200 Exemplare sind inzwischen bekannt, und es kommen jeden Monat neue hinzu. In den meisten Fällen handelt es sich um Riesenplaneten vom Format des Jupiters oder darüber hinaus. Diese Giganten lassen sich mit der Radialgeschwindigkeitsmethode relativ einfach aufspüren, doch kleinere Planeten, die ihren Mutterstern nur wenig in Bewegung versetzen, sind so kaum zu finden. Dennoch sind sie vermutlich sehr zahlreich – nur reichen unsere technischen Möglichkeiten noch nicht aus, um sie ebenfalls in großen Mengen zu entdecken.

Lebensfreundliche Wohnlagen. Besonders begehrt sind bei Wissenschaftlern und vor allem bei den Medien natürlich Exoplaneten, auf denen es möglicherweise Leben geben könnte. Da uns bislang nur das irdische Leben bekannt ist, konzentriert sich die Suche auf erdähnliche Welten, also Gesteinsbrocken mit Atmosphäre und flüssigem Wasser. Ob ein Planet diese Bedingungen erfüllt, lässt sich gegenwärtig nur aus indirekten Hinweisen schließen – wir sind ja schon froh, ihn mit unseren Methoden überhaupt gefunden zu haben. So gibt die ungefähre Masse des Planeten einen Anhaltspunkt für seine Zusammensetzung. Bewegt sie sich etwa im Bereich der Erdmasse, haben wir es vermutlich mit einem Gesteinsplaneten zu tun, denn ein Gasriese muss erheblich schwerer sein, um mit seiner Gravitation auch die Gase im jungen Planetensystem einzusammeln. Viel leichter als die Erde sollte unser Kandidat aber nicht sein, damit ihm nicht eine eventuelle Atmosphäre in den Weltraum entfleucht.

Die Frage nach flüssigem Wasser entscheidet sich grob nach dem Abstand des Planeten vom Stern. Befindet er sich zu nah, wird es auf seiner Oberfläche zu heiß, und es gibt allenfalls Wasserdampf. Liegt die Umlaufbahn zu weit außen, gefriert das Wasser in der Kälte zu Eis. Nur der Bereich zwischen diesen ungemütlichen Regionen, die sogenannte habitable Zone, bietet die richtige Temperatur für flüssiges Wasser. In unserem Sonnensystem erstreckt sie sich etwa von der Venus über die Erde bis zum Mars.

Wo die habitable Zone eines fernen Planetensystems liegt, ist allerdings nicht einfach zu sagen. Eine entscheidende Rolle spielen dabei die Temperatur und Leuchtstärke des Muttersterns. Beide ändern sich jedoch im Leben eines Sterns, wodurch sich auch die Lage der Zone verschiebt. Für die Entwicklung höherer Lebensformen ist aber nach unserer irdischen Erfahrung ein Zeitraum von etwa 4 Milliarden Jahren nötig – nur stabile Sterne, die unserer Sonne ähneln, können das bieten. Ist der Stern zu groß, brennt er zu schnell aus und fegt das Leben im zaghaften Anfangsstadium mit einer Supernova hinweg. Ist er zu klein, muss der Planet sehr dicht an ihn heranrücken, um genügend Wärme zu erhalten. Er könnte dort aber in eine gekoppelte Rotation geraten, bei der immer die gleiche Seite zum Stern zeigt. Auf dieser Hälfte wäre es fürchterlich heiß und auf der ewig dunklen Hemisphäre bitterkalt. Zudem würden heftige Stürme durch die Atmosphäre jagen.

Ein Planet ist aber nicht nur passiver Spielball der stellaren Launen, er kann auch selbst Einfluss auf seine Bewohnbarkeit nehmen. Eine dichte Atmosphäre schützt beispielsweise nicht nur vor zu starker Bestrahlung mit ultraviolettem Licht, sie kann mit Hilfe des Treibhauseffekts auch die eingefangene Wärme speichern. Dunkle Gesteine an der Oberfläche absor-

Nur eine schmale Zone um einen Stern ist geeignet für Leben, wie wir es kennen.

bieren das einfallende Licht besser als helles Material und tragen ihrerseits zur Erwärmung bei. Sie speichern obendrein die tagsüber aufgenommene Energie und geben sie in der kühleren Nacht wieder ab. Ein Kunststück, das Ozeane über einen längeren Zeitraum vollführen, wodurch extreme Jahreszeiten abgemildert werden.

Die Anforderungen an potenziell bewohnte Welten sind also hoch – und sehr an unsere irdischen Gewohnheiten angelehnt. Kein Wunder, dass die Aktion «Fisch sucht Aquarium» noch keine ferne «Erde 2» vorweisen kann.

Eine Reihe der faszinierendsten Welten sehen wir uns einmal genauer an. Als passende Maßstäbe für Vergleiche mit dem Sonnensystem dienen dabei die mittlere Entfernung zwischen Erde und Sonne, die als Astronomische Einheit (AE) bezeichnet wird und 149 597 870 Kilometer beträgt, die Masse der

Leben nur mit Wasser?

Das Konzept der habitablen Zone geht davon aus, dass Leben nur dort möglich ist, wo es flüssiges Wasser gibt. Der Grund liegt darin, dass Wasser eine Reihe von Eigenschaften hat und eine Anzahl wichtiger biochemischer Aufgaben übernimmt, die für irdische Lebensformen unverzichtbar sind. Zu den wichtigsten zählen:

▸ Wasser gibt als Füllstoff biologischen Hohlräumen wie der Zelle ihre Form, indem es den nötigen Innendruck aufbaut.

▸ Wasser überführt als Lösungsmittel andere Stoffe von starren Festkörpern oder flüchtigen Gasen in einen locker gebundenen Zustand mit vereinzelten und für chemische Reaktionen erreichbaren Teilchen.

▸ Als Transportmedium erlaubt Wasser die Bewegung von Stoffen. Die Geschwindigkeit ist auf kurzen Distanzen hoch, aber nicht zu schnell für biochemische Reaktionen.

▸ Wasser nimmt selbst an zahlreichen biochemischen Reaktionen teil.

▸ Über die unterschiedliche Affinität verschiedener chemischer Gruppen gegenüber dem Wasser ist es an der Bildung biologischer Strukturen wie Membranen und der Proteinfaltung beteiligt.

▸ Dank einer hohen spezifischen Wärmekapazität gleicht Wasser Temperaturschwankungen aus.

Keiner dieser Punkte kann ausschließlich nur von Wasser erfüllt werden. Auch andere Substanzen oder Kombinationen von Stoffen wären dazu in der Lage, beispielsweise Formamid oder Ammoniak. Die Biochemie von Lebensformen auf Basis solcher Alternativen würde sicherlich ganz anders aussehen, als wir es vom irdischen Leben kennen. Dennoch könnte ein weitgehend wasserfreies Leben eventuell möglich sein.

Erde von $5{,}974 \cdot 10^{24}$ Kilogramm sowie die Masse der Sonne von $1{,}989 \cdot 110^{30}$ Kilogramm. Entfernungen zwischen Sternen werden in Lichtjahren angegeben, wobei ein Lichtjahr jene Strecke von 9,5 Billionen Kilometern ist, die Licht im Vakuum in einem Jahr zurücklegt.

Die «unmöglichen» Planeten eines Pulsars. Den Planetenreigen eröffnete im Jahr 1992 ausgerechnet die Entdeckung eines Begleiters um den Pulsar PSR B1257+12. Dieser Neutronenstern ist der Überrest eines ehemalig großen leuchtenden Sterns, der in einer Supernova explodiert ist und entgegen den Erwartungen dabei wohl nicht alle seine Planeten ins Weltall geblasen oder einfach aus den Explosionsresten neue geformt hat. Drei überlebende Planeten und eine Art «Komet» sind der Wissenschaft heute bekannt. Weil schon kleine Massen die sonst sehr regelmäßigen Signale des Pulsars stören, die alle sechs Millisekunden eintreffen, lassen sich mit der Radialgeschwindigkeitsmethode selbst Planeten nachweisen, die viel kleiner als die Erde sind. So soll der innerste von ihnen, PSR B1257+12 A, nur zwei Prozent der Erdmasse haben und in 0,19 Astronomischen Einheiten auf einer fast perfekt runden Bahn in 25 Erdtagen um den Pulsar laufen. Die beiden anderen Planeten verfügen immerhin über die vierfache Masse der Erde, sind aber auch nur 0,36 beziehungsweise 0,46 Astronomische Einheiten entfernt. Das mit Abstand kleinste Objekt ist aber der «Komet», der bei einem Durchmesser von etwa 1000 Kilometern nicht mehr als 0,4 Promille der Erdmasse mitbringt.

Früh entdeckt und lebensfeindlich – 51 Peg b. Eigentlich ist der Stern ideal. 51 Pegasi im Sternbild Pegasus hat fast genau die Masse der Sonne, ist mit etwa 8 Milliarden

Jahren annähernd doppelt so alt wie sie und gehört mit einer Entfernung von 50 Lichtjahren beinahe zur engeren Nachbarschaft. Sein Planet – 1995 der erste Exoplanet, der im Orbit um einen «ordentlichen» Stern gefunden wurde – hat etwaigen Lebensformen jedoch nur eines zu bieten: höllisch schwierige Bedingungen. Obwohl 51 Peg b 150 Erdmassen in sich vereint und damit halb so viel wie der Jupiter, rückt er bis auf 7 Millionen Kilometer an seinen Stern heran – dichter als jeder Planet in unserem Sonnensystem. An die 1000 Grad Celsius wird es auf der Oberfläche heiß, wobei noch nicht geklärt ist, welche Anteile Gase und Gestein an 51 Peg b ausmachen. Kein idealer Platz für Leben, mit dem die Methode der Radialgeschwindigkeit einen ihrer größten Erfolge feierte.

Planetensysteme um Gliese 876 und 581. Nur etwa 15,2 Lichtjahre von der Erde entfernt, im Sternbild Wassermann, umrunden den Stern Gliese 876 mindestens drei Planeten. Zwei von ihnen sind Gasriesen, die für einen Umlauf 30 beziehungsweise 60 Tage benötigen. Der dritte aber soll mit rund sechs bis acht Erdmassen relativ klein sein und vor allem aus Gestein bestehen. Boulevardblätter feierten ihn darum als «Super-Erde» – doch für Leben sieht es schlecht aus auf dem fernen Felsen. Der Planet mit der wissenschaftlichen Bezeichnung GJ 876 d umkreist nämlich einen nur schwach leuchtenden Zwergstern, der ein Drittel der Sonnenmasse aufweist und mit dem bloßen Auge nicht sichtbar ist. Dennoch dürfte es auf der Planetenoberfläche zwischen 200 und 400 Grad Celsius heiß sein, denn der Abstand beträgt lediglich drei Millionen Kilometer – ein Fünfzigstel der Distanz zwischen Erde und Sonne. Ebenfalls Schlagzeilen als «Super-Erde» machte im April 2007 ein Exoplanet um den roten Zwergstern Gliese 581. Er könnte fünf Erdmassen leicht sein und nur den 1,5fachen Radius der Erde haben. Allerdings beträgt seine Distanz zum Stern etwa 0,041 Astronomische Einheiten. Darum weist vermutlich immer die gleiche Seite zum Stern – und das vielbejubelte vermeintliche Wasser dürfte verdampft und auf der Rückseite dauerhaft gefroren sein. Mitnichten erdähnliche Bedingungen also.

Ein Dreiersystem um HD 69830 mit Chancen auf Wasser. Im Sternbild «Heck des Schiffes» (Puppis), in 41 Lichtjahren Entfernung, befindet sich der Stern HD 69830, dessen scheinbare Helligkeit gerade noch ausreicht, um ihn in klaren dunklen Nächten mit bloßem Auge zu sehen. Er ist zwar fast doppelt so alt wie unsere Sonne, hat aber annähernd die gleiche Masse und ist ihr darum recht ähnlich. Gleich drei Planeten ziehen ihre Bahnen um ihn. Mit Massen vom 10-, 12- und 18fachen der Erdmasse gehören sie eher zu den kleinen Riesen vom Kaliber des Sonnenplaneten Neptun. Dennoch vermuten Wissenschaftler, dass die beiden kleineren Planeten auf ihren sehr sternnahen Bahnen vorwiegend aus Gestein bestehen. Interessanter ist aber das größte und äußerste Mitglied des Trios, HD 69830 d, denn es ist 0,63 Astronomische Einheiten vom Stern entfernt und befindet sich damit innerhalb der habitablen Zone um HD 69830. Obwohl der Planet wahrscheinlich eine dicke Gashülle hat, könnte es theoretisch auf einem Kern aus Eis und Fels auch flüssiges Wasser geben. Allerdings konnten bisher noch überhaupt keine chemischen Analysen durchgeführt werden, und die Existenz von Wasser ist darum nicht gesichert. Um HD 69830 gibt es außerdem einen Asteroidengürtel, der sich wohl zwischen den beiden äußeren Planeten befindet. Auf die Spur der Planeten kamen Astronomen im Jahr 2006 mit der Radialgeschwindigkeitsmethode.

Kaum geboren und schon fotografiert – GQ Lupi b.

Das System um den Stern GQ Lupi A im Sternbild Wolf ist im
wörtlichen Sinne ein Jungstar. Gerade einmal zwei Millionen
Jahre alt sind der etwa 460 Lichtjahre entfernte Stern und sein
Begleiter – und damit kaum ihrer mütterlichen protoplanetaren
Scheibe entwachsen. Aber schon haben Wissenschaftler die beiden fotografiert und damit womöglich eines der ersten Bilder
von einem Exoplaneten geschossen. Im Inneren von GQ Lupi
A lodert noch kein Fusionsfeuer. Der Stern befindet sich gegenwärtig in einer Kontraktionsphase, die so lange andauert, bis
die Kernverschmelzungen anfangen und einen ausreichenden
Gegendruck aufbauen. Dann dürfte er aber mit seinen rund 70
Prozent Sonnenmasse unserer Sonne in etwas kleinerer Form
ähneln. Die Umlaufbahn des mutmaßlichen Planeten GQ Lu-

Liste einiger besonders «kleiner» Exoplaneten
(Stand: Januar 2007; Quelle: New World Atlas des Jet Propulsion
Laboratory)

Stern	Entfernung zur Erde in Lichtjahren	Planet	Masse in Erdmassen	Distanz zum Stern in Astronomischen Einheiten
55 Cancri	44	55 Cancri e	18	0,04
Gliese 581	20,5	Gliese 581 b	17	0,041
Gliese 777A	51,8	Gliese 777 A c	18,1	0,128
Gliese 876	15,2	Gliese 876 d	7,5	0,02
HD 160691	49	HD 160691 d	14	0,09
HD 4308	71,7	HD 4308 b	14	0,114
OGLE-05-169L	9000	OGLE-05-169L b	13	unbekannt
OGLE-05-390L	21000	OGLE-05-390L b	5,5	unbekannt

**(Die beiden Systeme um die OGLE-Sterne wurden mit dem Mikrogra-
vitationslinseneffekt entdeckt.)**

Liste einiger Planetensysteme um mit bloßem Auge sichtbare Sterne

(Stand: Januar 2007; Quelle: New World Atlas des Jet Propulsion Laboratory)

Stern	Sternbild	Entfernung zur Erde in Lichtjahren	Anzahl der bekannten Planeten
70 Virginis	Jungfrau	59	1
beta Geminorum (Pollux)	Zwillinge	33,6	1
epsilon Eridani	Fluss Eridanus	10,4	2
gamma Cephei	Kepheus	38,5	1
HD 11977	Fluss Eridanus	216	1
HD 160691	Altar	49	3
HD 219449	Wassermann	146	1
HD 27442	Netz	59	1
iota Draconis	Drache	100	1
tau Bootis	Hirte	49	1
upsilon Andromedae	Andromeda	43,9	3

pi b liegt mit 100 Astronomischen Einheiten im Vergleich zu anderen Exoplaneten relativ weit außen. Seine Masse ist leider nicht bekannt, aber die spektrale Analyse seines Lichtes zeigt Anzeichen von Wasser und Kohlenstoffmonoxid. Modellrechnungen kommen auf dieser Basis zu einer Temperatur von etwa 2000 Grad Celsius und einem doppelt so großen Durchmesser, wie ihn der Sonnenplanet Jupiter hat. Allerdings braucht GQ Lupi b für einen Umlauf um seinen Stern zirka 1200 Erdenjahre, was es sehr schwierig macht, seine Masse durch Beobachtungen zu bestimmen. Fotografiert wurde der Planet im Jahr 2004 mit einem Riesenteleskop auf der Erde.

Keine zwei Jahrzehnte sind vergangen, seit Astronomen die ersten Planeten außerhalb des Sonnensystems entdeckt haben. Seitdem ist die Liste auf über 200 Exoplaneten angewachsen. Die früher gängige Annahme, Planeten seien eine seltene Erscheinung in der Milchstraße, ist damit so überholt wie der Glaube, die Sterne seien an das Himmelszelt genagelt. Bei den meisten bislang bekannten Planeten handelt es sich um gewaltige Schwergewichte, die ein Mehrfaches der Jupitermasse in sich vereinen. Das muss nicht heißen, dass derartige Gasriesen den größten Teil der Exoplaneten stellen. Es ist vielmehr eine Folge unserer bisherigen Vorgehensweise, die sich vor allem auf periodische Bewegungen der Sterne stützt, die von der Gravitationskraft der Planeten verursacht werden. Kleinere Exemplare können keinen ausreichend starken Sog ausüben, selbst wenn sie womöglich die Mehrheit stellen sollten.

Insgesamt bietet die Milchstraße jede Menge Platz für interessierte Lebensformen, die den richtigen Pioniergeist mitbringen. Vom steinigen Felsbrocken bis zum fast selbst leuchtenden Gasgiganten, von hyperzentraler Lage dicht am Stern bis zur Einsiedlernische am Rande des Systems reicht das Angebot. Kaum anzunehmen, dass wirklich alles leer stehen sollte.

WO SCIENCE IN FICTION ÜBERGEHT

Wissenschaftler und Politiker sind auf den Geschmack gekommen. Die einen haben Ideen, die anderen verwalten das Geld, um mit neuen Projekten weitere Welten zu entdecken, von denen einige endlich wie eine zweite Erde aussehen könnten. Außer den bereits bestehenden Missionen werden in den kommenden Jahren zusammengeschaltete Riesenteleskope von der Erde aus nach Exoplaneten suchen, während Weltraumteleskope wie COROT, Kepler, SIM (Space Interferometry Mission) und Terrestrial Planet Finder ungestört von der Atmosphäre Ausschau halten. Mit etwas Glück werden sie nicht nur die bloße Existenz von Planeten feststellen, sondern durch eine spektroskopische Untersuchung ihres reflektierten Lichts auch die Zusammensetzung der Planetenatmosphäre bestimmen können. Anhand des jeweiligen Gemisches von Gasen wird es möglich sein, vorsichtige Rückschlüsse auf die chemischen Vorgänge auf dem Planeten und die Chancen für Leben zu ziehen.

Nachfolgende Generationen von Teleskopen werden womöglich noch weiter aufgelöste Bilder machen, auf denen Wolkenformationen, Meere und Festland auszumachen sind. Indem die chemische Zusammensetzung der Atmosphären über Jahre hinweg verfolgt wird, können langfristige Trends in der Entwicklung der Planeten, aber auch kurzzeitige Ereignisse wie heftige Vulkanausbrüche erkannt werden. Empfindliche Radioteleskope werden nach langwelligen Signalen lauschen und uns vielleicht mit den ersten Werbespots einer fernen Zivilisation erfreuen.

Die Beobachtung aus der Ferne wird schließlich eine Reihe von eventuell belebten Planeten liefern, zu denen wir eines Tages unbemannte Raumsonden schicken werden. Selbst mit sehr schnellen Antrieben wird es Jahrzehnte dauern, bis diese die nächstgelegenen Planeten erreichen. Die Landungen dürften mit unterschiedlichen Reaktionen bedacht werden. Auf der Erde werden wir wegen der großen Entfernung erst mit jahrelanger Verspätung mitkriegen, ob und wie die Mission ins Ziel gefunden hat. Vor Ort können die Sonden unbemerkt in Seen von Schwefelsäure fallen, einen sich mühselig aus der Evolution schälenden Hamster erschlagen oder von eifrigen Strategen als unbekanntes Flugobjekt vom Himmel geschossen werden. Sollte nach dem Aufsetzen noch etwas von dem irdischen Botschafter übrig sein, wird er unverzüglich die Arbeit aufnehmen: Umweltparameter vermessen, Bodenproben mitsamt der darin enthaltenen Bewohner sammeln und grillen, Panoramabilder schießen und eine holographische Diashow mit geschönten Bildern und Informationen von der Erde abspielen. Alle Daten werden schleunigst zur Erde gesandt, wo sie mit Glück einige Jahrzehnte später auch eintreffen, auf dass die ganze Menschheit erfährt: Auf Exo1 gibt es Leben – und seien es nur ein paar irdische Bakterien, die sich kurz vor dem Start an Bord der Sonde geschmuggelt hatten.

DIE ERDE IST BELEBT ... VIELLEICHT

Einen neuen Planeten fern von unserem Sonnensystem zu entdecken, ist sicherlich eine aufregende Angelegenheit. Nächtliche Musterungen verdächtiger Sterne, schwankende Verläufe abstrakter Helligkeitskurven, verrauschte Bilder lichtschwacher Kandidaten ... Welcher Organismus würde da nicht mit einem Schwall angestauter Glückshormone reagieren, wenn der analysierende Computer endlich das Ergebnis ausspuckt: *So was tut kein Stern allein, wird wohl ein Planetchen sein?* Aber bei aller Freude über den neuen Punkt auf der Liste von Exoplaneten steht weiterhin die Frage offen im Raum, ob auf dieser fernen Welt wohl Lebensformen zu Hause sind. Und die Frage über der Frage, ob wir überhaupt in der Lage wären, aus der Distanz eine Antwort zu finden.

Auf Anregung des US-amerikanischen Astronomen Carl Sagan hat die NASA im Jahr 1990 einmal die Nagelprobe gemacht. Im Dezember holte ihre Jupitersonde Galileo auf ihren verschlungenen Wegen zum größten Planeten des Sonnensystems gerade bei einem Vorbeiflug an der Erde Schwung für die weitere Reise. Eine willkommene Gelegenheit, um die wissenschaftlichen Instrumente zu testen und nachzusehen, ob es wirklich Leben gibt auf der Erde. Mit ihrer weltraumtauglichen Digitalkamera, deren 0,64 Megapixel heutzutage selbst einem Billighandy im Schlussverkauf die Schamesröte ins Display treiben würden, machte die Sonde Fotos, auf denen wunderschön

Leben gibt es auf dem Planeten ... aber Intelligenz?

Wolken, Meere und der Eispanzer der Antarktis zu sehen waren. Wasser in reichlichen Mengen, sowohl gasförmig als auch flüssig und fest. Ideale Bedingungen für Leben, wie wir es kennen. Dazu große Landmassen, die auch Liebhabern festen Bodens geeignete Wohnstätten bieten. Die Spektrometer an Bord von Galileo stellten zudem in der Atmosphäre einen erklecklichen Anteil von Sauerstoff und Spuren von Methan fest. Zweifellos ein sehr starker Hinweis auf biologische Aktivitäten, da Sauerstoff als aggressives Element in einer toten Umgebung längst

Die Erde in Zahlen

Mittlerer Durchmesser	12 742 km
Masse	$5,974 \cdot 10^{24}$ kg
Mittlere Dichte	5,516 g/cm³
Fallbeschleunigung	9,81 m/s²
Hauptelemente	32 % Sauerstoff, 28 % Eisen, 17 % Silizium, 16 % Magnesium, je 1–2 % Kalzium, Nickel, Aluminium
Atmosphäre	78 % Stickstoff, 21 % Sauerstoff; Wasserdampf, Argon, Kohlenstoffdioxid
Dauer für eine Umdrehung	23 Std. 56 Min. 4 Sek.
Neigung der Drehachse	23,44°
Mittlerer Abstand zur Sonne	149 597 870 km (1 Astronomische Einheit)
Dauer für einen Umlauf	365 Tage 6 Std. 9 Min. 9,54 Sek.
Mittlere Umlaufgeschwindigkeit	29,783 km/s
Monde	1

durch Reaktionen mit dem Gestein aus der Luft verschwunden wäre. Vor allem hätte er jegliches Methan umgehend oxidiert, sodass die parallele Existenz beider Gase bedeutet, dass sie offenbar ständig nachgeliefert werden. Dazu passt auch die grünliche Färbung einiger Festlandbereiche. Im weißen Licht der Sonne wirkt grün, was die blauen und roten Anteile schluckt – wie das Chlorophyll, mit dem Pflanzen Photosynthese betreiben, wobei sie den nachgewiesenen Sauerstoff produzieren. Es gehört schon eine äußerst merkwürdige Chemie dazu, all diese Ergebnisse ohne das Zutun von Leben nachzustellen. Folglich ist die Erde laut Galileo wahrscheinlich belebt – aber gibt es auf ihr auch Intelligenz?

Bedauerlicherweise fällt diese Antwort erheblich vager aus. Die Fotos zeigen keinerlei Anzeichen von Zivilisation, was teils an der schlechten Auflösung von etwa einem Kilometer pro Bildpunkt lag, teils schlichtes Pech war, denn Galileo hatte ausgerechnet den Pazifik und die australische Wüste abgelichtet.

Lediglich eine Beobachtung der Antenne für Plasmawellen, die eigentlich auf die Vermessung elektrischer Felder am Jupiter spezialisiert war, deutet an, dass auf der Erde vielleicht jemand mit Radiowellen funkte. Das Instrument verzeichnete ein Signal mit einem komplexen Aufbau, das es nicht weiter analysieren konnte und für das es keine bekannte natürliche Erklärung gab. Doch das war schon alles – sicherlich ein wenig dürftig, um den Lebensformen auf dem Planeten Erde vorschnell ein Quäntchen technischen Sachverstand zuzuschreiben.

EIN HAUFEN STAUB WIRD ZUR ERDE

Der Anfang war staubig. Vor rund fünf Milliarden Jahren wühlte ein Ereignis, das wir heute nicht mehr mit Sicherheit rekonstruieren können, die Materiewolke auf, aus der unser gesamtes Sonnensystem erstehen sollte. Möglicherweise war es der Gravitationssog einer vorbeiziehenden fremden Galaxie, vielleicht die Schockwelle einer explodierenden Supernova in der Nachbarschaft – jedenfalls kam Bewegung in das Gemisch aus Gas, Eis und dem Staub längst vergangener Sterne. In ihrem Zentrum ballte sich ein Großteil des Materials zusammen, kollabierte unter seiner eigenen Schwerkraft und formte die frühe Sonne. Um sie herum bildeten sich Wirbel. Mikroskopische Körnchen kollidierten miteinander, vereinten sich zu Klümpchen und wuchsen heran zu stattlichen Brocken mit Hunderten von Kilometern Durchmesser. Die größten von ihnen gediehen weiter, indem sie alles schluckten, was in ihre Reichweite geriet. Gelegentlich konnte sich so ein Bissen als schwer verdaulich erweisen. Wie jenes Objekt von der Größe des heutigen Planeten Mars, das vor 4,6 Milliarden Jahren auf die noch junge Protoerde prallte und große Stücke von ihr in eine Umlaufbahn schleuderte. Um ein Haar hätte es sie zerrissen, und wir würden nun auf der Venus grübeln, ob es im All Leben auf anderen Welten gibt. Doch die Erde überstand den Crash, und die Trümmer sammelten sich zu ihrem Mond zusammen.

Galaktische habitable Zone

Neben der stellaren habitablen Zone, die im vorhergehenden Kapitel beschrieben ist, gibt es auch in den Galaxien Zonen, in denen die Wahrscheinlichkeit für Leben größer als in den übrigen Bereichen ist. Ihre Ausdehnung hängt weitgehend von der Häufigkeit und dem Alter der Sterne ab. Erst wenn eine hinreichende Anzahl von Sternen in Supernova-Explosionen schwerere Elemente als Wasserstoff, Helium und Lithium freigesetzt hat, ist genug Material für die Bildung von Planeten vorhanden. Ist die Sternendichte jedoch zu hoch, besteht das Risiko, dass eine Supernova in unmittelbarer Nähe eines Planetensystems explodiert und dabei eventuelles Leben auslöscht. Die galaktische habitable Zone hat bei Spiralgalaxien wie der Milchstraße die Form eines Rings, der sich im Laufe der Zeit nach außen ausdehnt. Innerhalb des Rings ist die Gefahr einer nahen Supernova für die langfristige Entwicklung von Leben zu groß, außerhalb fehlt es an den notwendigen Elementen.

Schwer im Zentrum und drumherum luftig-leicht.

Die Energie des Aufpralls heizte die Erde heftig auf, ebenso wie die ständigen Kollisionen mit kleineren Körpern. Hinzu kam die Wärmeproduktion beim Zerfall radioaktiver Elemente. Bis in die tiefsten Kern hinein schmolz die Hitze das Gestein. Ein glühender Ball aus flüssiger Lava mit den Resten einer flüchtigen Uratmosphäre aus Wasserstoff und Helium zog seine Bahn um die Sonne, deren Fusionsfeuer wohl um diese Zeit zündete. Die Gravitation der Erde führte zu einer weitgehenden Trennung ihrer Bestandteile, die als Differenzierung bezeichnet wird: Dichte Stoffe wie Eisen sanken in das Zentrum, während leichte Elemente, zu denen Sauerstoff, Silizium und Aluminium zählten, an die Oberfläche trieben. Dort verbanden sie sich allmählich zu den Mineralien der Erdkruste. Langsam kühlte der Planet ab.

Über die zahlreichen Vulkane gelangten Gase aus dem Inneren nach draußen und bildeten die erste richtige Atmosphäre. Den Löwenanteil machte darin Wasserdampf aus, der über drei Viertel der Atmosphäre gestellt hat. Weitere zehn Prozent mögen Kohlenstoffdioxid gewesen sein, etwas über fünf Prozent Schwefelwasserstoff und in kleineren Mengen Kohlenstoffmonoxid, Stickstoff, Methan, Ammoniak sowie Reste von Wasserstoff und Helium. Eine übel riechende, giftige Mischung, die aktive Vulkane auch heute noch gerne von sich geben. Wer einen persönlichen Eindruck vom Klima zu jener Zeit erleben möchte, kann das leicht mit einem kleinen Experiment in der heimischen Küche tun: Man braucht dazu nur ein faules Ei und einen halben Liter Wasser in einem Schnellkochtopf zu erhitzen – der Druck dürfte ein wenig höher als in der damaligen Atmosphäre ausfallen, aber das Aroma wird in etwa dem Original entsprechen.

Schlechtes Wetter mit dauerhaften Konsequenzen. Was dann folgte, war der ultimative Albtraum der Tourismusbranche. Zwar hatte der bis dahin fast unaufhörliche Beschuss mit Meteoriten nachgelassen und die Erde die Gelegenheit ergriffen, um an der Oberfläche auf weniger als 100 Grad Celsius abzukühlen. Aber dafür kondensierte nun der Wasserdampf in der Atmosphäre zu Tropfen, und es regnete. Und regnete. Und regnete. Etwa 40000 Jahre lang. Vom Himmel fielen keine Sturzbäche, sondern buchstäblich ganze Ozeane. Zu Beginn dieses als Archaikum bezeichneten Erdzeitalters hatte es auf der Erde wegen der Hitze kein flüssiges Wasser gegeben, nun bedeckte es große Teile der Oberfläche. Woher diese unvorstellbaren Mengen stammten, ist ein ungelöstes Rätsel. Vermutlich haben die Gesteinsbrocken, aus denen der Planet entstanden ist, schon einen Teil davon mitgebracht, der in der heißen Phase der Erde über die Vulkane ausgegast wurde. Viele Wissenschaftler nehmen aber an, dass Asteroide und Kometen aus den äußeren Regionen des Sonnensystems zusätzliches Wasser eingetragen haben, als sie auf die Erde stürzten.

Der Dauerregen füllte nicht nur die Tiefebenen mit Wasser, er krempelte auch die Zusammensetzung der Atmosphäre um. Der bis eben noch dominante Wasserdampf war plötzlich weitgehend abgeregnet, in den neu entstandenen Ozeanen lösten sich große Mengen von Kohlenstoffdioxid und Schwefelwasserstoff, und die ultraviolette Strahlung spaltete Moleküle von Methan und Ammoniak. Der stabilere Stickstoff wurde zum bestimmenden Gas in der zweiten Atmosphäre, begleitet von Kohlenstoffdioxid, dem Edelgas Argon und jenem Wasserdampf, der im Rahmen des einsetzenden Wasserkreislaufs aus Verdunsten und Regnen gerade seine luftige Phase hatte. Freien Sauerstoff gab es noch keinen, zu verlockend waren all die chemischen Verbindungen, die das aggressive Element oxidieren konnte.

Kleine Erfindungen für globale Veränderungen.

Als größte Neuerung im Archaikum sollte sich jedoch etwas erweisen, was einem damaligen Beobachter wohl kaum aufgefallen wäre. Verborgen in Nischen und Höhlen, gebunden an

Minerale und ständig in Gefahr, von einer leichten Welle oder ultravioletter Strahlung in einen Haufen unbedeutender Moleküle zerstoben zu werden, entstand vor 3,8 bis 3,5 Milliarden Jahren das Phänomen Leben. Mit welchen Theorien Wissenschaftler diesen bedeutenden Schritt vom toten Himmelskörper zum belebten Planeten zu erklären versuchen, werden wir uns weiter unten genauer ansehen. Einstweilen drücken wir je nach Temperament stillschweigend oder mit donnernd ausgestoßenem «Ist ja ein Hammer!» unser Erstaunen darüber aus, dass der empfindlich fragile Zustand *Leben* tatsächlich den Planeten in Besitz genommen hat, bevor die ersten Kontinente sich aus den Fluten erhoben haben. Und was das bedeutete, sollten vor allem die Ozeane und die Atmosphäre bald zu spüren bekommen.

Auf der Suche nach einer Energiequelle zum Betrieb ihres labilen Fließgleichgewichtes erfanden die frühen Lebewesen erstaunlich schnell die Photosynthese. Mit farbigen Molekülen fingen sie das Licht der Sonne ein und speicherten dessen Energie teilweise in einer chemischen Verbindung, die wie ein Akku als transportabler Träger an alle Orte in der Zelle geschickt wurde, wo die Biochemie einen kräftigen Anstoß nötig hatte. Als nicht weiter beachtetes Nebenprodukt ging bei diesem Vorgang aus der Spaltung von Wasser Sauerstoff hervor. Damit war die irdische Tradition begründet, sich bei technischen Neuerungen nicht um den Verbleib giftiger Abfallprodukte zu kümmern. Zumal über Jahrmillionen hinweg die vielen chemischen Verbindungen von Eisen und Schwefel im Meereswasser still mit dem Sauerstoff reagierten. Aus Sulfiden wurden Sulfate und Oxide – die Erze der Ozeane «rosteten». Bis das Maß voll war und das Meer keinen Sauerstoff mehr aufnehmen konnte. Vor etwa 2,5 Milliarden Jahren läutete die erste globale Umweltverschmutzung mit dem Proterozoikum ein neues Erdzeitalter ein: Der Sauerstoff gaste aus den Ozeanen aus und sammelte sich in der Atmosphäre an, die nun in ihre dritte große Epoche ging.

Der Sauerstoff bedeutete für die damaligen Lebensformen eine echte Bedrohung. Sie waren kaum darauf eingestellt, das reaktionsfreudige Molekül unter Kontrolle zu halten oder unschädlich zu machen. Allzu leicht konnte ihr eigener Abfall empfindliche Biostrukturen zerstören und im schlimmsten Falle tödlich wirken. Das Leben benötigte dringendst ein innovatives Recyclingsystem, wenn es sich nicht selbst vernichten wollte – offenbar schon in diesen Urzeiten ein unverzichtbarer Ansporn für kreative Neuerungen …

Und der Startschuss für einen echten Verkaufsschlager. Vermutlich entwickelten irgendwann erste Zellen Schutzmoleküle gegen den Sauerstoff, die ihm gezielt ungefährliche Möglichkeiten boten, sich abzureagieren. In einem weiteren Schritt lernten die Kreaturen vor etwa 1,5 Milliarden Jahren, diese gezähmte Energie sogar gewinnbringend für sich zu nutzen. Sie stellten eine biochemische Reaktionskaskade auf, mit der sie unter streng regulierten Bedingungen mit Sauerstoff Kohlenstoffverbindungen zu Kohlenstoffdioxid oxidierten. Diese inzwischen als Atmung bezeichnete Kette schloss als Gegenstück zur Photosynthese die Kreisläufe von Kohlenstoff und Sauerstoff und rettete damit das Leben aus seiner selbst verschuldeten Sackgasse. Allerdings mit einem klitzekleinen Nebeneffekt: Der benötigte Brennstoff schwamm nicht einfach frei im Wasser herum, sondern war seinerseits Teil der quicklebendigen photosynthetischen Organismen. Wer atmen wollte, musste folglich seine Nachbarn fressen. Das Leben hatte angesichts einer bedrohlichen Zwickmühle seine Unschuld verloren und war aus dem Paradies mit seinem schwierigen Sauerstoffmüll-Problem geflogen.

Wie es bei Vertreibungen aus dem Paradies üblich ist, eröffneten sich den Ausgestoßenen bald darauf ungeahnte neue

Weiten. Die zunehmende Sauerstoffkonzentration in der Atmosphäre errichtete in großen Höhen einen Schutzschirm vor den ultravioletten Strahlen der Sonne. Die Strahlung spaltete zweiatomige Moleküle von Sauerstoff, die sehr schnell zu dreiatomigem Ozon reagieren, was seinerseits ebenfalls ultraviolettes Licht schluckt. Es etablierte sich vor 750 bis 400 Millionen Jahren ein Ozon-Sauerstoff-Zyklus, der die unteren Schichten der Atmosphäre weitgehend frei von schädlicher Strahlung hielt. Damit war der Weg frei für die Eroberung des Landes, das mit der Entstehung des ersten Superkontinents Kenorland vor 2,5 Milliarden Jahren in riesigen Platten auf dem flüssigen Erdinneren trieb, sich aufteilte, zusammenstieß, Gebirge und Ebenen bildete.

Oben fest und innen flüssig. Die herumtreibenden Platten auf ihrer Oberfläche sind vermutlich eine Spezialität der Erde. Von anderen Planeten kennt man jedenfalls keine Plattentektonik. Welcher Mechanismus die gewaltigen Gesteinsschichten in Bewegung hält, ist immer noch im Dunkel der Erde verborgen. Wahrscheinlich werden sie von den Konvektionsströmen im Erdmantel mitgerissen, die entstehen, wenn sich heißes Material in tieferen Schichten ausdehnt und aufsteigt und im Gegenzug kühlere Massen absinken. Was wir für festen Boden unter unseren Füßen halten, ist in Wahrheit nämlich nur die erstarrte Haut auf einem weitgehend flüssigen, heißen Planetenpudding. Gerade einmal 40 Kilometer dick ist diese Erdkruste im Bereich der Kontinente, während sie unter den Ozeanen hauchdünne 5 bis 10 Kilometer erreicht. Zusammen mit dem oberen Erdmantel bildet sie die relativ starre Lithosphäre, die bis in 400 Kilometer Tiefe reicht. Die Hölle könnte rein thermisch gesehen im flüssigen unteren Erdmantel angesiedelt sein. Um die 2000 Grad Celsius herrschen in dieser

Schale, die in etwa 3000 Kilometern Tiefe recht abrupt in den äußeren Erdkern übergeht, der ebenfalls flüssig, aber etwa noch 1000 Grad heißer ist. Ganz im Zentrum der Erdkugel, in ihrem inneren Kern, ist der Druck schließlich so groß, dass trotz einer hyperhöllischen Hitze von 4000 bis 5000 Grad – beinahe die gleiche Temperatur wie auf der Oberfläche der Sonne – das Gemisch aus Eisen und Nickel zu einem festen Klumpen gepresst wird.

Ein magnetischer Schutzschirm. Von diesem schalenartigen Aufbau bekommt das Leben auf der Oberfläche aber meist herzlich wenig mit. Lediglich so unerfreuliche Ereignisse wie Erdbeben oder Vulkanausbrüche rufen ab und zu der forschenden Spezies ins Bewusstsein, dass ihr Planet trotz seiner 4,6 Milliarden Jahre noch äußerst agil ist. Zum Glück für das Leben, denn die Wärmeströmungen der elektrisch leitfähigen Schmelzen im äußeren Erdkern erzeugen als Geodynamo ein Magnetfeld, das weit in den umgebenden Weltraum hineinreicht. Dort lenkt es auf der sonnenzugewandten Seite in etwa 65 000 Kilometern Höhe den Sonnenwind um die Erde herum.

Dieser ständige Strom aus geladenen Teilchen besteht im Wesentlichen aus Protonen, Elektronen und Heliumkernen. Eine Million Tonnen pustet die Sonne in jeder Sekunde davon ins All. Mit Geschwindigkeiten von 400 bis 900 Kilometern pro Sekunde treffen die Teilchen auf das Erdmagnetfeld. Dieses Tempo reicht nicht aus, um den Schutzschild zu durchdringen, da auf elektrische Ladungen in Magnetfeldern eine ablenkende Kraft wirkt. Und so drückt der Sonnenwind das Feld auf der sonnenzugewandten Seite nur platt, während es sich auf der abgewandten Seite in einem Millionen Kilometer langen Schweif erstreckt.

Seine Schwachpunkte hat der Schutzschild in der Nähe der Pole. Hier treten die Magnetfeldlinien aus der Erdkugel aus beziehungsweise in sie ein. Sie formen dadurch eine Art Trichter, der bei einem starken Sonnenwind einen Teil der Protonen und Elektronen bis in die Atmosphäre durchlässt. Dort stoßen sie in den oberen Schichten mit den Atomen der Luft zusammen und regen diese mit ihrer Energie zum Leuchten an. Eine Lichtschau, die unter dem Namen Polarlicht den skandinavischen Ländern einen regen Tourismus beschert. Wächst der Sonnenwind sich gelegentlich zu einem Sturm aus, erreichen die Polarlichter mitunter sogar mittlere Breiten und rufen dort vor allem Verärgerung hervor, weil die elektrischen Felder gerne auch Satelliten für Fernsehen und Telefon außer Gefecht setzen.

So hübsch das flackernde Leuchten am Himmel sein mag – das Leben auf der Erdoberfläche kann froh über seinen magnetischen Schutz sein. Würden die schnellen Protonen und Elektronen nämlich mit den empfindlichen Biomolekülen in den Zellen zusammenstoßen, käme es zu einer Fülle von Ausfällen, Fehlern und chemischen Kettenreaktionen durch Radikale, extrem aggressive Moleküle. Ist das Erbmolekül DNA direkt oder indirekt von so einem Schaden betroffen, können Mutationen auftreten, unter denen die Zelle selbst zu leiden hat oder die sie an ihre Nachkommen weitergibt. Bei einer großen Zahl an Mutationen ist es dann wahrscheinlich, dass die Tochterzellen schwer geschädigt oder völlig lebensunfähig sind und sterben. Wäre das Leben über längere Zeit dem Sonnenwind schutzlos ausgeliefert, käme es darum vermutlich zu einem weitreichenden Massenaussterben von Arten, die sich nicht schnell genug anpassen können.

Genau dieses Szenario hat die Erde bereits mehrfach erlebt – gleichermaßen als globale Katastrophe wie als Motor der Evolution. Aus der Magnetisierung von eisenhaltigem Gestein lesen Wissenschaftler nämlich ab, dass das Magnetfeld der

Erde sich in unregelmäßigen Abständen umkehrt. Im Schnitt alle 250 000 Jahre wechselt es die Polung, was zwischen 4000 und 10 000 Jahre andauert und den magnetischen Schutzschild zeitweise erheblich schwächt. Die Ursachen sind bislang nicht bekannt, hängen aber wohl mit Turbulenzen des Magnetfeldes im Bereich der Kern-Mantel-Grenze und im Kern zusammen. Diese schwächen zunächst das Gesamtfeld, bevor es dann zum Polsprung kommt. Das letzte Mal ist dies vor rund 780 000 Jahren passiert – die nächste Umpolung ist also längst überfällig, und die derzeitige langsame Abnahme der globalen Feldstärke deutet an, dass der nächste Polsprung unmittelbar bevorstehen könnte. Er dürfte ein ernstzunehmender Test für die Überlebensfähigkeit der Arten auf der Erde sein – inklusive uns Menschen. Denn die Mikrofossilfunde aus Sedimenten früherer Polwechsel zeigen, dass die Zusammensetzung der Arten nach solchen Phasen häufig deutlich anders war als vor dem Sprung. Allerdings sind offenbar auch etliche Polsprünge ohne größere biologische Folgen verlaufen, selbst der *Homo erectus* als Vorläufer des modernen Menschen hat mehrere Wechsel aussterbefrei mitgemacht. Vielleicht, weil beim Aussetzen des Geodynamos ausgerechnet der gefürchtete Sonnenwind durch komplizierte Wechselwirkungen mit der Atmosphäre ein ebenso großes Magnetfeld hervorruft, wie Computersimulationen unter Harald Lesch von der Ludwig-Maximilians-Universität München ergeben haben.

Insgesamt besteht also kein Grund, den Kompass sofort auf den Müll zu werfen. Die geologische Uhr tickt ziemlich bedächtig, und so bedeutet «unmittelbar» in diesem Zusammenhang, dass uns schätzungsweise 2000 Jahre bleiben, bis das Magnetfeld kippt. Genug Zeit, um sich zuvor an den Gefahren des Klimawandels, der weltweiten atomaren Rüstung und der globalen Ungerechtigkeit zu erproben. Da wissen wir schließlich ganz genau, wo die Ursachen zu suchen sind.

ES LEBT, BLÜHT UND GEDEIHT

Während Wissenschaftler die Entstehung der Erde einigermaßen gut erforscht haben, stehen sie bei der Frage, auf welche Weise das Leben sich auf dem Planeten entwickelt hat, vor einem ähnlichen Rätsel wie erschöpfte Eltern nach einem turbulenten Kindergeburtstag angesichts dunkler Fußabdrücke an der Zimmerdecke: Keiner ist es gewesen, es gibt keine Zeugen, und überhaupt kann das unmöglich dort hingekommen sein.

Aber es ist da. Und geradezu unglaublich früh. Die ältesten fossilen Spuren von Lebewesen werden auf ein Alter von 3,5 Milliarden Jahren geschätzt. Diese Stromatolithen genannten Sedimentgesteine Australiens wuchsen fast unmittelbar nach dem großen Regen, der die Ozeane füllte, aus den mattenartigen Kolonien von Cyanobakterien – hoch entwickelten bakteriellen Lebensformen, die bereits Photosynthese trieben. Ein beispielloser Frühstart, den manche Astrobiologen so deuten, dass Leben im Kosmos keineswegs den Ausnahmezustand darstellt, sondern vielmehr eine selbstverständliche Normalität, die automatisch auftritt, sobald es die Umweltbedingungen zulassen.

Die wissenschaftliche Grundlage für Erklärungen ist derzeit ausgesprochen dünn. So wenig ist bekannt über die Zustände am Beginn des Lebens, so vieles muss erraten oder vermutet werden, dass bislang kein einziges Modell den Status einer Theorie erreicht hat. Es fehlen an allen Ecken Beobachtungen und Belege. Denn kaum etwas aus der Zeit vor etwa 3,8 Milliarden Jahren, als die entscheidenden Schritte stattgefunden haben, hat bis zum heutigen Tag überdauert. Für Astrobiologen ein gewaltiges Problem, da sie nicht wissen, welche Voraussetzungen und welche Entwicklungen auf fernen Planeten eigenständiges Leben erschaffen. Aber ansonsten ein Paradies für kreative Wissenschaftler. Nach Herzenslust können sie Ideen entwickeln, Hypothesen aufstellen, Experimente durchführen … und sich mit vielen Schritten zurück und einigen vorwärts einer Vorstellung der Geschehnisse nähern. Schließlich ist Forschung nicht, wenn man alles weiß, sondern wenn man sich mit Feuereifer bemüht, es herauszubekommen.

Chemische Bausteine aus der Ursuppe. Bei all den vielen Denkansätzen herrscht in einem Punkt weitgehende Einigkeit: Vor dem biologischen Leben mit seinen membranumschlossenen Zellen und komplexen Reaktionskaskaden muss es eine bescheidenere chemische Evolution gegeben haben, in welcher die Molekülbausteine des Lebens entstanden sind. Kleine Zucker, organische Säuren, Alkohole, Aminosäuren für die Proteine und Nukleotide für die DNA und RNA. Sie alle bestehen im Wesentlichen aus nicht mehr als einer Handvoll Elemente: Kohlenstoff für das Gerüst, Sauerstoff, Stickstoff, Schwefel und Phosphor, um besondere Eigenschaften in die Moleküle einzubringen, und Wasserstoff als Füllmasse, mit dem die freien Stellen abgesättigt werden. Alles vorhanden in den Ur-Ozeanen, den frühen Gesteinen und der vom Regen frisch gewaschenen Atmosphäre. Aber ließe sich daraus mit Blitz, Donner, Hitze und ultravioletter sowie eventuell radioaktiver Strahlung eine Ursuppe voller Biomoleküle anrühren?

Diese Frage untersuchten 1953 die Chemiker Stanley Miller und Harold Urey an der Universität von Chicago mit einem berühmten Versuch, der seitdem als Miller-Urey-Experiment bekannt ist. Sie stellten in Glaskolben den Ur-Ozean und die Atmosphäre nach, wie man sich in der Mitte des vergangenen Jahrhunderts die Verhältnisse zu Beginn des Lebens vorstellte. Eine Mischung aus Wasser (enthält Sauerstoff und Wasserstoff), Methan (enthält Kohlenstoff und Wasserstoff), Ammoniak (enthält Stickstoff und Wasserstoff) und reinem Wasserstoff wurde erhitzt und elektrischen Entladungen ausgesetzt, die Blitze simulierten. Nach einer Woche ununterbrochener Früh-Erde hatte sich augenscheinlich etwas getan: Ein schmieriger, schwarzbrauner Film klebte von innen an den Kolben. Kein appetitlicher Anblick, aber ein deutlicher Hinweis auf grundlegende chemische Veränderungen. Tatsächlich lieferte die genaue chemische Analyse eine Liste von rund 20 Biomolekülen, die in der künstlichen Ursuppe entstanden waren, darunter gleich vier Aminosäuren, die heutige Lebewesen in ihre Proteine einbauen, und eine Reihe von Verbindungen aus ihrem Stoffwechselhaushalt. Das war zwar noch kein Leben, aber der Beweis, dass die dafür nötigen Grundbausteine allein aus Chemie und Energie hervorgehen können.

In den folgenden Jahrzehnten haben zahlreiche Wissenschaftler – und viele ambitionierte Chemielehrer – das Experiment wiederholt und leicht abgewandelt. Als Kohlenstoffquelle setzten sie Kohlenstoffmonoxid oder Kohlenstoffdioxid ein, den Stickstoff gaben sie in der zweiatomigen Form hinzu, wie sie auch heute in der Atmosphäre vorherrscht, und die Energie lieferte ultraviolettes Licht. Stets erhielten sie eine Fülle biochemischer Moleküle.

Impfung aus dem All. Womöglich kamen die Gewürze in der Ursuppe des Lebens aber bereits mit dem Schauer von Meteoriten aus dem Weltraum auf die Erde. In Kometen, Asteroiden und interstellarem Staub haben Wissenschaftler Spuren verschiedener Biomoleküle gefunden, unter anderem auch Aminosäuren und Bausteine von DNA. Wir werden uns diese Entdeckungen in einem der folgenden Kapitel genauer ansehen, aber bereits hier können wir festhalten, dass der biochemische Baukasten des Universums offenbar gut gefüllt ist und ohne große Umschweife bereitsteht, wenn irgendwo Bedarf an den passenden Molekülen für ein lebensschaffendes Experiment besteht.

Vertreter der Panspermie-Hypothese spekulieren sogar, dass die Himmelskörper nicht nur einfache Moleküle auf die Erde getragen haben, sondern das Leben selbst. Ihrer Vorstellung nach ist das Leben vor unbekannter Zeit und an einem unbekannten Ort entstanden, in einem sehr viel längeren Prozess, als er auf der Erde gedauert haben kann. Von dort wurde es beispielsweise bei einem Meteoriteneinschlag in den Weltraum geschleudert. Das Vakuum und die Strahlenbelastung werden einen großen Teil der Zellen getötet haben, doch in Experimenten mit irdischen Bakterien stellte sich heraus, dass einige Stämme begnadete Astronauten sind und selbst jahrelange Spazierflüge im All überstehen. Besonders gute Chancen bieten sich unterhalb der Oberfläche ihres steinigen Raumschiffs, wo eine Schicht von Staub sie schützt. Diese könnte auch als Hitzeschild fungieren, wenn es beim Eintritt in die Atmosphäre eines zu infizierenden Planeten ungemütlich heiß wird. Während die äußeren Zentimeter glühen, bleibt es im Inneren erstaunlich kühl. Im Prinzip könnten die Passagiere so auch den letzten Abschnitt ihrer Reise überstehen – und umgehend den neuen Lebensraum erobern.

Die Probleme der Panspermie, von der zahlreiche Varianten existieren und miteinander konkurrieren, liegen darin, dass auch sie kaum durch Beobachtungen und Experimente gestützt wird und sie das Problem der Entstehung des Lebens keineswegs löst, sondern nur weg von der Erde verlagert. Was zahlreiche weniger seriöse Zeitgenossen nicht daran hindert, lautstark ihre Version der Schöpfung aus dem All zu verkünden. Doch solange auf einem Kometen oder in einem Meteoriten keine wirklichen Lebensformen gefunden werden, spielt die Panspermie in der Wissenschaft nur eine unbedeutende Nebenrolle. Allenfalls als lebensspendenden Mittler zwischen eng benachbarten Planeten im selben System können sich Astrobiologen die Transspermie genannte Reise per Meteoriteneinschlag gegenwärtig vorstellen. Aber selbst für unser eindeutig belebtes Sonnensystem gibt es keinerlei Anzeichen, dass die Erde mit ihrem Leben Venus oder Mars angesteckt hätte.

An den Grenzen der reinen Chemie. An die Grundbausteine des Lebens zu gelangen, fällt frisch abgekühlten Planeten somit nicht schwer. Sie formen sich unter Strahlung und Blitzen in seiner eigenen Atmosphäre und seinen Ozeanen oder regnen aus dem All vom Himmel herab. Die nächste Aufgabe, aus den kleinen Einzelmolekülen lange Ketten zu bilden, erscheint auf den ersten Blick vergleichsweise einfach. Ein Verband von Aminosäuren ergibt ein Protein und die Summe vieler Nukleotide einen Strang DNA oder RNA – auf dem Papier eine simple Verknüpfung unter Abspaltung von Wasser. In der unwirtlichen Realität der frühen Erde tat sich hier jedoch eine ungeahnt hohe Hürde auf. Die gleiche ultraviolette Strahlung, die eben noch so hilfreich bei der Synthese kleiner Bausteine geholfen hatte, spaltete gnadenlos jede zaghafte Ansammlung, aus der sich ein Makromolekül hätte bilden können. Es musste ein Schutzraum her, in dem die Natur ungestört experimentieren und aufbauen konnte.

Manche Wissenschaftler vermuten diese biologischen Geheimlabors in der Tiefsee. Dort tritt an hydrothermalen Quellen mineralreiches heißes Wasser aus dem Untergrund. Bis zu 400 Grad Celsius hat diese Ladung von Sulfiden, Eisen, Mangan, Kupfer und Zink. Beim Kontakt mit dem kalten Meerwasser fallen die Salze als dunkler Niederschlag aus, was den Quellen den Namen *Black Smoker* oder *Schwarzer Raucher* eingebracht hat. Noch heute sind sie am mittelozeanischen Rücken zu finden, wo die Mineralien schornsteinartige Schlote bilden, um die herum sich ein ganz eigener Lebensraum bildet. Die Basis der Gemeinschaft bilden Bakterien, die den austretenden Schwefelwasserstoff als Energiequelle nutzen und so das gesamte Biotop unabhängig vom Licht der Sonne machen. Könnte nicht auch die chemische Evolution unter diesen extremen Bedingungen die entscheidenden Fortschritte gemacht haben? Einzelne Versuche, in denen beispielsweise Aminosäuren im Mineralbad unter hohem Druck und bei Temperaturen von 200 Grad über Tage Bestand hatten, verliefen vielversprechend. Um die Geburtsstätte des Lebens endgültig auf den Meeresgrund zu versenken, fehlen aber noch die entsprechenden Belege.

Aus den Reihen der Geologen kommt ein Gegenangebot, das den meisten Forschern mehr zusagt. Sie setzen auf oberflächennahe Mineralien und Gesteine. Denn was selbst tot ist, hat sich in Tests als potenter Helfer für die biochemische Komplexität erwiesen:

▸ Schutz vor der schädlichen ultravioletten Strahlung bieten winzige Hohlräume in verwitterten Gesteinsoberflächen. Unter anderem ist der häufige Feldspat mit solchen mikroskopischen Poren übersät.

▸ Tone und andere geschichtete Mineralien sind in der Lage, frei umherirrende Kleinmoleküle einzufangen und vorübergehend räumlich zu fixieren. Das erhöht die Wahrscheinlichkeit, dass mehrere Einzelbausteine sich zu einem größeren Makromolekül verbinden. Im Experiment sind so Ketten von über 50 Aminosäuren Länge gewachsen.

▸ Die einzelnen Flächen von manchen Kristallen wie Calcit unterscheiden sich auf atomarer Ebene voneinander. Das wirkt sich in einer Vorliebe für bestimmte räumliche Strukturen aus, wenn kleine Moleküle sich anlagern wollen. So bevorzugen manche Flächen bei Aminosäuren die D-Struktur, während andere lieber L-Aminosäuren haben. Chemisch gesehen sind D- und L-Form identisch, allerdings haben sie einen spiegelbildlichen Aufbau – wie unsere linke und rechte Hand. Diese Händigkeit oder Chiralität ist beim Aufbau von Proteinen ein äußerst wichtiges Kriterium, denn in ihnen kommen aus einem unbekannten Grund ausschließlich L-Aminosäuren vor. Vielleicht geht diese Ungerechtigkeit auf den banalen Zufall zurück, dass die Krippe der ersten haltbaren Lebensform ausgerechnet an einer «L-Seite» eines Kristalls stand.

▸ Schließlich können Mineralien nicht nur passives Gerüst für spannende Reaktionen sein, sondern das Geschehen selbst als Katalysator antreiben. Vermittelt durch Magnetit verbinden sich Wasserstoff und der sonst äußerst träge Stickstoff zum agileren Ammoniak. Und Eisensulfid-Mineralien könnten die Quelle der Eisen-Schwefel-Zentren sein, die auch in unserem Körper aktiver Bestandteil vieler Enzyme sind.

Ob Tiefsee, Mineralien oder eine Kombination aus beidem – wirklich überzeugende Fabriken langkettiger Urmoleküle hat bisher niemand gefunden. In freier Wildbahn dürfte das sogar praktisch unmöglich sein. Woran sollte man erkennen, ob ein vorbeischwimmendes Molekül die kreative Neuschöpfung einer abiotischen chemischen Nische ist oder doch nur der Rest einer halbverdauten biologischen Mahlzeit? Bleibt nur das Labor. Obschon die Bedingungen in den Reagenzgläsern und Retorten bei aller aufrichtigen Mühe mit dem harten Reaktionskampf der Urerde vermutlich in etwa so viel gemein haben wie die Straßenverkehrsordnung mit dem real existierenden Überholenskampf auf deutschen Autobahnen.

Universelle Spezialisten für Beinahe-Leben. Zurzeit ist sich die Wissenschaftswelt nicht einmal sicher, welche Art von Makromolekül bei der Ursynthese den absoluten Vorrang gehabt hat: Proteine als fleißige Arbeitsbienen der Zelle oder DNA als intellektueller Informationsträger. Die Proteine können auf ihrer Habenseite verbuchen, dass ihr Name sich vom griechischen Wort für «Erster» ableitet und sie somit rein verbal im Vorteil sind. Außerdem erledigen sie in fertigen Zellen fast alle Aufgaben, bei denen angepackt werden muss. Sie fangen Nährstoffe ein, transportieren sie durch die Membran ins Innere, zerlegen sie in ihre Bestandteile und bauen mit den Bruchstücken neue Zellbausteine auf. Sie gewinnen und verwalten die Energie in der Zelle und verbrauchen einen Großteil davon bei den Reaktionen, die sie katalysieren. Proteine sind die Macher, ohne die im Leben überhaupt nichts läuft. Deshalb hielt man sie lange Zeit wie selbstverständlich für die ersten Großmoleküle des Lebens. Und eigentlich hat diese Überlegung nur einen einzigen, aber womöglich entscheidenden Haken: Proteine können sich nicht nach ihrer eigenen Vorlage vervielfältigen. Eine erfolgreiche Serie von lebenden Zellen kann jedoch nicht auf Einzelanfertigungen basieren, sondern ist nur mit einer funktionierenden Massenproduktion denkbar.

Für solch eine Kopierarbeit am Fließband ist die DNA genau die richtige Vorlage. Das Erbmolekül besteht aus zwei langen Strängen, die über Nukleotidbasen als Brücken miteinander verbunden sind. Im Modell sieht es aus wie eine verdrillte Strickleiter. Die Besonderheit der DNA liegt in den Basen, von denen jeweils zwei eine Sprosse bilden. Es gibt vier verschiedene Basen, die mit den Buchstaben A, T, C und G bezeichnet werden und in deren Abfolge die jeweilige Information codiert ist. Aufgrund ihrer chemischen Struktur passen nämlich nur A und T sowie C und G zusammen. Reißt man die beiden Stränge der Strickleiter auseinander, lässt sich anhand der Abfolge der halben Sprossen jeder Einzelstrang wieder zu einem vollständigen Doppelstrang ergänzen. Ein genialer und leicht zu kopierender Speicher – nur leider ist die DNA handwerklich nicht sehr geschickt und ohne unterstützende Proteine reichlich aufgeschmissen.

Darum sehen viele Forscher die RNA, sozusagen den kleinen Bruder der DNA, als geeigneten Kandidaten für das eifrig gesuchte Molekül auf dem Weg zum Leben an. Den wesentlichen chemischen Unterschied zwischen RNA und DNA macht nur ein einziges Sauerstoffatom aus, doch dies verleiht der RNA Reaktionsfreude und gestalterische Fähigkeiten. Die RNA kann nicht nur mit ihren Nukleotidbasen Informationen speichern und als Kopiervorlage dienen, sie ist auch in der Lage, chemische Umsetzungen zu katalysieren. In heutigen Zellen übernimmt sie die Anleitungen der DNA, modifiziert diese und synthetisiert danach als Teil eines großen Molekülkomplexes neue Proteine. Sie steht an der Nahtstelle von Information und Arbeit und könnte vor 3,8 Milliarden Jahren durchaus alleine oder zusammen mit Proteinen einen selbsterhaltenden Hyperzyklus errichtet haben, der seine Komponenten ständig nachproduziert und steuernde Rückkopplungen integriert hat.

Eventuell hat aber ein wenig bekannter Typ von Molekül die Vorteile der RNA und der Proteine in sich vereint. Peptidnukleinsäuren (abgekürzt PNA nach der englischen Bezeichnung *Peptide Nucleic Acid*) haben ein Grundgerüst aus verknüpften Aminosäuren, an denen die Nukleotidbasen A, T, C und G als Halbsprossen sitzen. Im Labor vervielfältigt PNA sich selbst, katalysiert Reaktionen und ist dabei nicht einmal kompliziert aufgebaut. Wunderbare Eigenschaften eines Moleküls, von dem dummerweise keiner weiß, ob es jemals an der Bildung des Lebens beteiligt war. In modernen Zellen ist es jedenfalls nicht vertreten. Aber vielleicht hat es ja nur den Anfang gemacht und sich dann in zwei spezialisiertere Molekülwelten aufgespalten: die emsigen Proteine und die kluge RNA, aus der später die DNA hervorging.

Geschützte Kleinkrämerei in der Zelle. Welche Moleküle auch immer den biochemischen Motor in Gang gebracht haben mögen, sie benötigten unbedingt eine begrenzende Hülle, die den komplexen Apparat beisammenhielt. Zwar bilden Proteine alleine oder zusammen mit Kohlenhydraten oder DNA und RNA in salzhaltigen Lösungen von selbst tröpfchenartige Aggregate, für einen umfangreicheren Stoffwechsel müssen jedoch viele davon zusammenwirken und ihre Reaktionsprodukte miteinander austauschen.

Dazu sind Verbünde von Mikrosphären in der Lage, die bereits 1957 das Licht des Labors erblickten. Diese winzigen Hohlkügelchen, die etwa so groß wie Bakterienzellen sind, entstehen spontan, wenn Aminosäuren erwärmt werden und zu kleinen Ketten polymerisieren. Ein Teil der Ketten ordnet sich zu einer membranartigen Doppelschicht an, die als Kugel chemisch aktive Molekülkomplexe umschließen kann. Zu groß geratene Mikrosphären teilen sich oder spalten kleine Hohlknospen ab. Umgekehrt fusionieren kleine Sphären miteinander und führen so ihre katalytischen Fähigkeiten zusammen. In der richtigen Kombination können sie dadurch den Eigenschaften einer richtigen Zelle recht nahe kommen. Allerdings fehlt ihnen noch die Fähigkeit, sich selbst zu reproduzieren, sodass jede Mikrosphäre ein Einzelstück ist, das irgendwann wieder zerfallen wird.

Ob Mikrosphären tatsächlich ein Vorläufer moderner biologischer Zellen waren, ist unbekannt. Sie hätten dann irgendwann ihre Membran auf Basis von Aminosäureketten gegen eine flexiblere Hülle aus Lipiden austauschen müssen, in denen spezialisierte Proteine den Warenaustausch mit der Umgebung regeln. Weitere Proteine wären nötig, um die Zellstrukturen aufzubauen, zu reparieren und schadhafte Teile auszutauschen. Ein großer Apparat wäre unter günstigen Bedingungen damit beschäftigt, den gesamten Zellapparat zu verdoppeln und die Teilung in zwei Tochterzellen vorzubereiten. Das alles natürlich gesteuert und kontrolliert von der Informationszentrale DNA aus. Eine ziemlich ambitionierte Entwicklung, die etwa dem Weg vom einfachen Nomadenzelt zum vollklimatisierten, selbstreinigenden Wolkenkratzer mit integriertem Einkaufszentrum und USB-betriebenen Kaffeeautomaten entspricht. Doch irgendwie hat die Menschheit es fertiggebracht, innerhalb weniger Jahrtausende ihre Zelte gegen Pyramiden und Taipeh 101 auszutauschen. Da könnte die Natur für ihr eigenes Kunstwerk vielleicht auch in 200 Millionen Jahren einen brauchbaren Prototypen erschaffen haben. Immerhin galt es, einen vollkommen leeren globalen Markt zu erschließen.

Geregelter Fortschritt durch Evolution. Allen ausgeklügelten Laborexperimenten, elektronenmikroskopisch vergrößerten Minifossilien und verschachtelten Computersimulationen zum Trotz ist uns die Entstehung des Lebens noch immer so rätselhaft wie ein Formular zur Einkommensteuererklärung mit zusätzlichen Nebeneinkünften aus selbständiger Kleingewerbetätigkeit. An vielen Stellen können wir einfach nur raten oder müssen mangels schlüssiger Ideen Lücken lassen.

Vereinzelt wird vorgeschlagen, die Schuld an unserer Unwissenheit einem unbekannten blinden Uhrmacher zuzuschieben. Angeblich soll er die Federn, Rädchen und Schräubchen einer Uhr einfach in einen Schuhkarton werfen und dann so lange schütteln, bis die Teile sich zufällig zu einem intakten Chronometer zusammensetzen. Und weil dieser Uhrmacher zeit seines Lebens mit seiner Methode kein einziges Exemplar zum Verkauf anbieten kann, sollen die Lebewesen auf der Erde nicht aus unbelebten Vorgängern entstanden sein und sich nicht im Laufe der Jahrmilliarden zu Maus, Affenbrotbaum und probiotischen Bakterien entwickelt haben. Stattdessen waren sie nach einem mächtigen Fingerschnipsen fix und fertig da.

Lassen wir einmal die Methode mit dem Fingerschnipsen und den dafür vorhandenen oder fehlenden Belegen beiseite, und überlegen wir, ob nicht dem armen Uhrmacher mit ein paar Tricks zu helfen wäre. Schließlich arbeitet er an einem sehr interessanten dreidimensionalen Puzzle ohne Vorlage, und gepuzzelt hat sicherlich jeder schon. Wir sind also so etwas wie Experten und wären vermutlich nicht so blöd, die Schachtel mit den 1000 Teilen stundenlang zu schütteln und auf ein fertiges Bild zu hoffen. Gewiefte Puzzler schnappen sich nur eine Handvoll Teile und probieren aus, ob diese aneinanderpassen. Mit einigen zufälligen Griffen landen sie über kurz oder lang erste Treffer und selektieren die Zweier- und Dreiergrüppchen für die weitere Entwicklung aus. Schon bald werden aus zwei aneinanderhängenden Teilen drei, dann vier, fünf... und allmählich finden sich Kleingruppen zu größeren Clustern zusammen. Als Ergebnis des Spiels von Zufall und Selektion.

Was in zwei Dimensionen funktioniert, bewährt sich auch in dreien. Dazu leeren wir die Schachtel des Uhrmachers aus, werfen nur drei zufällig ausgewählte Teile hinein, schütteln und sehen nach, ob ein Schräubchen sein Gewinde, ein Rädchen seine Achse gefunden hat. Meist erwartet uns beim Öffnen des Deckels nur ein heilloses Durcheinander, dann schütteln wir erneut und tauschen gelegentlich ein Teilchen aus. In seltenen Fällen aber haben sich zwei Stücke gefunden, die wir vorsichtig mit Kleber für die Dauer der restlichen Schüttelei fixieren. Dann geben wir neues Material hinzu und machen uns an die nächste Runde. Es wird Jahre dauern, aber die Chancen stehen nicht schlecht, dass wir am Ende der Prozedur tatsächlich eine Uhr in den Händen halten. Vor allem, wenn wir den Uhrmacher überreden können, eine große Zahl von Lehrlingen einzustellen, die jeder im Mischen, Schütteln und Selektieren ausgebildet werden. Nur eines dürfen sie nicht sein: blind. Denn das ist die Natur auch nicht.

Die Evolution kann sehr wohl unterscheiden zwischen *passend* und *nicht passend*. Passend ist, was unter den Bedingungen vor Ort bestehen und sich vermehren kann. Und was passt, wird zur Belohnung an die Nachkommen weitergegeben, die damit einen Vorteil gegenüber den Konkurrenten haben. Welche Errungenschaften dabei auf den Prüfstand kommen, ist eine Frage von zufälligen Veränderungen. Eine kleine Modifikation des Gens für ein Protein kann beispielsweise bewirken, dass eine Zelle plötzlich Benzin in ihrem Stoffwechsel verdauen und als Energiequelle nutzen kann. Normalerweise bringt das keine Vorteile mit sich und schlummert ungenutzt als exotisches Talent in der mutierten Zelle. Es sei denn, das veränderte Protein war zuvor am lebensnotwendigen Zuckerabbau beteiligt und hat nun vergessen, wie das geht. In diesem Fall wäre seine Erfindung nicht passend zu den Umständen und innerhalb weniger Minuten tödlich. Hat die Zelle jedoch das unverschämte Glück, auf dem Gelände einer Tankstelle zu wohnen, wird ihr der Benzinstoffwechsel ein ungeahntes Paradies erschließen, sie wachsen und gedeihen lassen – und ebenso ihre zahlreichen Nachkommen, die Benzin als ihr Hauptnahrungsmittel ansehen werden. Ein Beispiel für Evolution durch zufällige Veränderung des Erbmaterials und richtungsgebende Selektion gemäß den Vorgaben der jeweiligen Umwelt, das an praktisch allen Tankstellen die Ernährungsgewohnheiten der Bakterienstämme regelrecht revolutioniert hat. Ganz ohne magisches Fingerschnipsen.

Auf dem Weg zum grübelnden Menschen musste die Evolution aber zunächst ganz andere Herausforderungen meistern als tropfende Zapfsäulen. Es galt, die Photosynthese zu erfinden und damit die größte und zuverlässigste Energiequelle anzuzapfen. Dummerweise entwich dabei massenhaft gefährlicher Sauerstoff in die Umgebung, der biologische Strukturen im Handumdrehen zerstört. Entsprechende Schutzmoleküle entwickelten sich zum begehrten Artikel, der das Überleben sichert. In der erweiterten Ausführung konnten Zellen damit sogar den Sauerstoff nutzen, um ihre Nachbarn oder von diesen freiwillig abgegebene organische Stoffe zu fressen. Offenbar ließen sich aber einige der Opfer nicht so leicht verdauen und lebten im Innern des gierigen Räubers einfach weiter. Nach der Endosymbiontentheorie entwickelte sich vor etwa 1,3 Milliarden Jahren aus dieser anfangs unfreiwilligen Wohngemeinschaft eine enge Partnerschaft, aus welcher schließlich die Zellkörperchen höherer Zellen hervorgegangen sind. Sogar einen Großteil ihrer Erbsubstanz übertrugen die ehemals unabhängigen Organellen an den Wirt, der die neue DNA in seinem Zellkern bewahrte. Im Gegenzug versorgen sie als sogenannte Mitochondrien und Chloroplasten die gesamte Zelle mit Energie.

Das Konzept des dauerhaften Teams erreichte mit den ersten Vielzellern vor rund 650 Millionen Jahren eine neue Ebene. Zwar behielt jede Zelle ihr eigenes vollständiges Erbmaterial, aber schon bald nutzte sie nur noch einen Teil davon, der für eine bestimmte Aufgabe nötig war. Als Spezialist für mechanischen Schutz, Nahrungsaufnahme, Verdauung, Nährstofftransport, Sinneswahrnehmung oder Informationsverarbeitung konnte sie Leistungen vollbringen, die einem universellen Einzeller nicht möglich waren. Der Gesamtorganismus wurde dadurch bedeutend durchsetzungsfähiger. Das mag auch den Pflanzen geholfen haben, als sie vor rund 470 Millionen Jahren den Schritt an das trockene Land wagten. Dicht gefolgt von hungrigen Tieren, die ihr Gemüse nicht aus den Augen verlieren wollten.

Die weitere Entwicklung des Lebens ist recht gut durch Fossilfunde belegt und verlief keineswegs strikt geradeaus. Sechs verheerende Katastrophen haben in den vergangenen 500 Millionen Jahren massenhaft Arten von der Erde gefegt. Waren eben noch die Erdschichten voller typischer Fossilien für eine Epoche, ist kurz darauf fast nichts mehr von ihnen zu finden. Welche Ursachen so ein Massenaussterben hatte und ob es sich innerhalb von Tagen ereignete oder sich Hunderttausende Jahre hinzog, lässt sich meistens nicht sagen. Nur, dass jedes Ende zugleich ein Anfang war. Neue Arten und Gruppen, die zuvor allenfalls eine Randerscheinung des Lebens waren, jetzt aber besser mit den veränderten Bedingungen zurechtkamen, besetzten die vielen frei gewordenen Nischen. Sie verfolgten andere Strategien, hatten neue Merkmale und brachten frische Ideen der Evolution ein, die nur bei einem Neustart eine Chance hatten, sich durchzusetzen. Die Katastrophen hatten den alten Trott durchbrochen und den Kreativen das Feld überlassen. Zum vorerst letzten Mal vor 65 Millionen Jahren, als die Dinosaurier den Platz für die Säugetiere räumen mussten. Und damit den Weg frei machten für den Menschen.

Ohne Massenaussterben wäre das Leben folglich in einer wenig erquicklichen Sackgasse stecken geblieben, und wir wären alle Dinosaurier mit Schlips und Kragen … oder Frösche mit Brille … oder Trilobiten mit Führerschein.

Die sechs großen Massenartensterben

Zeit	Erdzeit-alter	Mögliche Ursache	Ausmaß	Leidtragende	Nutznießer
-520 Millionen Jahre	Kambrium	Klimaabkühlung, Schwankungen des Meeresspiegels	80 Prozent aller Arten	Trilobiten	Brachiopoden
-440 Millionen Jahre	Ordovizium	Kälteperiode	50 Prozent aller Arten	Brachiopoden	Fischartige
-370 Millionen Jahre	Devon	Meteoriteneinschlag, Kälteperiode, Sauerstoffmangel im Meer	50 Prozent aller Arten	Panzerfische, riffbildende Korallen	Amphibien, Insekten
-250 Millionen Jahre	Perm (Ende)	Globale Kälteperiode und Vulkanausbrüche in Sibirien	Über 90 Prozent aller Arten	Meeresbewohner, säugetierähnliche Reptilien, Amphibien, Insekten	Reptilien
-213 Millionen Jahre	Trias (Ende)	Klimawandel	50 Prozent aller Arten	Landlebende Wirbeltiere	Erste Säugetiere, Dinosaurier
-65 Millionen Jahre	Kreide (Ende)	Meteoriteneinschläge und/oder Vulkanausbrüche	Über 50 Prozent aller Tiere	Dinosaurier	Säugetiere

UNTERM STRICH

Wie das Leben auf der Erde entstanden ist, liegt weitgehend im tiefsten Dunkel der Frühzeit. Geologische Zeichen sprechen aber dafür, dass es bereits kurz nach dem Abkühlen der Oberfläche und dem großen Regen, der die Ozeane bildete, relativ weit entwickelt war. Die Grundbausteine dafür können unter den Bedingungen der damaligen Zeit zum Teil leicht auf rein chemischen Wegen entstehen. Viele von ihnen kommen sogar im Weltraum vor und haben sich womöglich in die «Ursuppe» gemischt. Die Schritte vom kleinen Molekül zum langkettigen Polymer sowie von der lockeren Ansammlung zur umhüllten Protozelle sind bislang jedoch nicht zufriedenstellend geklärt. Erst aus den letzten 600 Millionen Jahren liegen ausreichend viele Fossilien vor, um die Entwicklung des Lebens detailliert zu verfolgen.

Außer den kleinen evolutionären Werkzeugen der zufälligen Veränderung und der richtunggebenden Selektion als Anpassung an die jeweilige Umwelt haben auch Zeiten von globalen Massenartensterben als Motor für die Entwicklung gewirkt. Während ganze Gruppen von Lebensformen untergingen, überstand das Leben insgesamt sämtliche Katastrophen und entwickelte neue Varianten, die besser mit den veränderten Bedingungen zurechtkamen.

Mit Blick auf ferne Planeten können wir darum vorsichtig folgern, dass Leben von selbst entsteht, wenn die Umstände es auch nur einigermaßen zulassen, und anschließend kaum vollständig auszutilgen ist.

WO SCIENCE IN FICTION ÜBERGEHT

Wir Menschen haben es nicht gerne, wenn wir nicht selbst am Ruder stehen. Und so haben wir mit einer noch nie dagewesenen Erfindung begonnen, der Evolution unsere eigenen Vorstellungen aufzuprägen: Wir haben eine technische Zivilisation entwickelt. Sie erlaubt uns, in der Straßenbahn mit wildfremden Menschen in Tokio zu chatten, unsere Körper operativ an die Vorbilder populärer Schauspieler anzupassen und mitten im Januar für wenig Geld allergisch auf frische Erdbeeren zu reagieren. Vorausgesetzt, man hat die Verfügungsgewalt über hinreichende Mengen eines alleine auf Konvention basierenden Tauschmittels, das der Einfachheit halber kurz *Geld* genannt wird. Ein nicht unerheblicher Teil der Weltbevölkerung hat diese Gewalt nicht, ist aber geographisch so vom reichen Teil getrennt, dass er keine andersartige Gewalt zum Ausgleich ausüben kann. Für die zukünftige Entwicklung der Menschheit spielt dieser arme Teil keine nennenswerte Rolle, da die menschliche Zivilisation vorwiegend technisch ist und ihr ethisch-moralischer Ableger mit dem Wachstum traditionell nachhängt.

Die reiche Menschheit vertraut in ihrem Alltag zunehmend auf immer komplexere Geräte, die vor allem im Bereich der Auswahl, Aufnahme und Verarbeitung von Information die natürlichen Systeme ergänzen. Die reale Umwelt muss zunehmend einer virtuellen Blase weichen. Gleichzeitig werden Tätigkeiten, die eine Interaktion mit dem «Draußen» nötig machen, immer mehr von künstlichen Einheiten übernommen. Der Mensch – vor 500 Jahren noch ein Wesen, das auf dem Feld Korn geerntet und daraus im Haus Brot gebacken hat, gegenwärtig eine Lebensform, die im Büro sitzend das Internet befragt, wie das Wetter auf dem Weg zum Parkplatz ist – wird in weniger als 100 Jahren den Kontakt zur Realität verloren haben. Ob die Sonne scheint, es regnet oder pfeifende Hasen vom Himmel fallen, wird für ihn ohne Bedeutung sein. Er verbringt sein Leben eingebettet in stimulierende Ganzkörperhüllen, die ihn mit Nährstoffen, Licht, Wärme und Sinneseindrücken versorgen. Nach einem festgelegten Schema stehen ihm Fantastilliarden virtueller Szenarien zur Verfügung, die für ihn real sind, da sie einerseits ein hohes Maß an Perfektion für alle Körpersinne erreicht haben und er andererseits auch niemals die wirkliche Wirklichkeit erfahren hat. Wellenreiten im Roten Fleck des Jupiters, Sonnenbaden in der Sonnenkorona, überlichtschnelle Reisen durch die Milchstraße im Verbund mit wohldosierten Hormongaben reizen das verbliebene Nervensystem bis an die Grenzen des gentechnisch Optimierbaren.

In dieser technikorientierten Gesellschaft hat die Technik längst selbst die schaffende Rolle übernommen. Während die Menschheit in ihren Kammern in wildem Cybersex fleißig Samen und Eizellen spendet, die automatisch analysiert werden und gegebenenfalls in einer Brutkammer zur Aufzucht einer weiteren degenerierenden Generation dienen, entwickeln intelligente Systeme sich selbst weiter. Die Technik erfüllt mittlerweile alle Kriterien für Leben. Da sie jedoch auf einer ganz anderen Grundlage als die biologischen Lebensformen steht, braucht sie auf ökologische Kriterien keine Rücksicht zu nehmen. Saubere Luft und klares Wasser sind für die Produktionsprozesse von untergeordneter Wichtigkeit, an Hitze, Kälte und Stürme kann man sich technisch anpassen. Das nächste Massenartensterben beginnt, in dessen Verlauf die Maschinen irgendwann «vergessen», die glückseligen Menschen zu versorgen. Nahezu alle höheren Tiere und Pflanzen werden beim Umkippen der Meere und Böden eingehen, das biologische Leben ist auf einen kümmerlichen Rest reduziert, es triumphiert das technische Leben.

Bis irgendwann irgendein Bakterium durch irgendeine zufällige Mutation lernt, wie man Computerchips und elektronische Schaltkreise verdaut ...

VORÜBERGEHEND BEWOHNT – DER MOND!

Was die Zeitung druckt, das stimmt auch so. Im Jahr 1835 stand für die New Yorker Bevölkerung fest: Auf dem Mond wimmelt es von Leben. Riesige Wälder und Meere bedeckten seine Fläche. Bisons, Antilopen und Einhörner tummelten sich dort sowie Menschen mit Fledermausflügeln, deren «Vergnügungen sich nur schlecht mit unseren irdischen Ansichten von guten Sitten vertragen würden». Immerhin waren sie zwischendurch sittsam genug, um ein paar Pyramiden auf den Mond zu setzen.

Gesehen hatte dies alles, so schrieb der Journalist Richard Locke in der erst seit zwei Jahren erscheinenden Tageszeitung *Sun*, der britische Astronom Sir John Herschel mit seinem Riesenteleskop im südafrikanischen Kapstadt. Tatsächlich hielt sich der Sohn des damals berühmten Superastronomen Wilhelm Herschel zu dieser Zeit in Kapstadt auf und erforschte den südlichen Sternenhimmel. Seine Erkenntnisse brachten die Astronomie einen bedeutenden Schritt voran. So fügte er dem Katalog der Doppel- und Mehrfachsternsysteme über 2000 neue Einträge hinzu und enträtselte bei seiner Beobachtung des Halley'schen Kometen die Entstehung des Kometenschweifs. Dem Mond widmete er keine sonderliche Aufmerksamkeit, und das in der *Sun* beschriebene Treiben hatte er schon gar nicht beschrieben. Schließlich war seit dem ausgehenden 17. Jahrhundert bekannt, dass der Mond über keine nennenswerte Atmosphäre verfügt.

Aber das wussten die amerikanischen Leser nicht – oder wollten es nicht wissen – und rissen den Händlern die *Sun* druckfrisch aus den Händen. Innerhalb kurzer Zeit wurde aus dem unbedeutenden Blättchen die auflagenstärkste Zeitung der Welt. Bis andere Zeitungen auf den gewaltig donnernden Zug aufspringen wollten und dem Schwindel auf die Schliche kamen. Mit Empörung nahm man in Europa die Nachricht auf, dass ein amerikanischer Schreiberling den guten Namen eines ihrer klügsten Wissenschaftler so schändlich missbraucht hatte. Herschel selbst soll hingegen in schallendes Gelächter ausgebrochen sein, als man ihm in Kapstadt ein Exemplar der *Sun* zeigte. Und Richard Locke? Er verschwand mit seinen Mondfiguren aus dem Blickfeld des öffentlichen Interesses. Plötzlich war der Mond wieder staubig, einsam und unheimlich leer.

Der Mond in Zahlen

Durchmesser	3476 km
Masse	$7{,}348 \cdot 10^{22}$ kg
Mittlere Dichte	$3{,}343$ g/cm^3
Fallbeschleunigung	$1{,}62$ m/s^2
Hauptelemente der Mondkruste	43 % Sauerstoff, 21 % Silizium, 10 % Aluminium, 9 % Kalzium, 9 % Eisen, 5 % Magnesium, 2 % Titan
Atmosphäre	Kaum vorhanden, Druck $3/10^{10}$ Pa; 25 % Helium, 25 % Neon, 23 % Wasserstoff, 20 % Argon, Spurengase
Temperatur an der Oberfläche	−160 °C bis +130 °C
Dauer für eine Umdrehung	27 Tage 7 Std. 43,7 Min.
Mittlerer Abstand zur Erde	384 400 km
Dauer für einen Umlauf	27 Tage 7 Std. 43,7 Min.
Mittlere Bahngeschwindigkeit	1023 m/s

BESUCHE BEIM KLEINEN NACHBARN

Die Ruhe währte bis in die Mitte des 20. Jahrhunderts hinein. Eben hatte die Menschheit noch eifrig an Raketen gebastelt, um sich gegenseitig aus vermeintlich sicherer Entfernung Bomben auf die Köpfe zu werfen, da fiel ihr auf, dass man mit diesen fliegenden Treibstofftanks auch mal einen Blick von außen auf die Erde werfen und vielleicht sogar beim treuen Mond einen Höflichkeitsbesuch machen könnte. Einige nagende wissenschaftliche Fragen ließen sich nämlich beim besten Willen nicht alleine mit Teleskopen und Rechenschiebern klären. Darunter das Rätsel, wie die kleine Erde überhaupt zu so einem gewaltigen Trabanten gekommen ist. Und außerdem konnte man «den anderen» endlich so richtig zeigen, dass «wir» alles und sowieso viel besser machen. Der Kalte Krieg startete den heißen Wettlauf zum Mond.

Fehlzündungen und fotografierende Crash-Piloten. Auf US-amerikanischer Seite sprengte man von 1958 bis 1960 abwechselnd ein paar Raketen am Boden oder kurz nach dem Start in die Luft und schickte gelegentlich eine Sonde ein bisschen in die falsche Richtung. Immerhin entdeckten Pioneer 1 und 3 auf ihren Irrflügen zufällig zwei Strahlungsgürtel um die Erde, in denen das irdische Magnetfeld geladene Teilchen gefangen hält.

Der Sowjetunion war mit ihrem Projekt Luna (russisch: Lunik) mehr Glück beschieden. Gleich ihre erste Sonde flog 1959 mit nur 5600 Kilometern Entfernung dichter am Ziel vorbei als die gesamte Konkurrenz vor ihr. Und im gleichen Jahr, am 14. September, schlug ihre Nachfolgerin Luna 2 als erster Botschafter der Menschheit mit Wucht auf dem Mond ein. Gewissermaßen nur zum Anklopfen, denn eine Kamera oder wissenschaftliche Instrumente waren nicht an Bord.

Der Fototourismus begann einen knappen Monat später mit Luna 3. Planmäßig flog die Sonde in etwa 65 000 Kilometern Entfernung um den Mond herum und schoss dabei Bilder von seiner Rückseite. Automatisch wurden die Fotos entwickelt und zur Erde gefunkt. Die Wissenschaft war begeistert, auch wenn die Qualität der Aufnahmen so schlecht war, dass lediglich ein paar sehr große Strukturen zu erahnen waren.

Mit einer gehörigen Verspätung brachten die USA im April 1962 endlich ebenfalls eine Sonde auf den Mond. Eigentlich war vorgesehen, dass Ranger 4 einige wissenschaftliche Messungen durchführt, aber der Teilausfall des Zentralcomputers ließ dieses Vorhaben im Mondstaub versanden. Die Pechsträhne der westlichen Welt war dann im Juli 1964 endlich beendet. Während seines Sturzflugs in das Mare Cognitum schickte Ranger 7 über 4000 Bilder mit Auflösungen von wenigen Kilometern bis hin zu Metern zur Erde. Nie zuvor hatten Menschen die Mondoberfläche in solchen Details gesehen. Es folgten Ranger 8 und 9, die allesamt ihr Ziel mit beeindruckenden Bildern festhielten, bevor sie mit Geschwindigkeiten um 2,6 Kilometer pro Sekunde auf dem Mond zerschellten.

Weiche Landungen für harte Wissenschaft. Die Epoche der sanften Landungen begann am 3. Februar 1966 mit der sowjetischen Sonde Luna 9, die drei Tage aus dem Oceanus Procellarum Bilder, Filmaufnahmen und wissenschaftliche Daten sendete. Zur Erleichterung der Techniker und Planer stellte Luna 9 unter anderem fest, dass der Mond durchaus festen Grund bot und nicht von einer meterdicken Staubschicht bedeckt war. Zukünftige Astronauten waren also einigermaßen sicher, nicht gleich nach ihrer Landung langsam von der Bild-

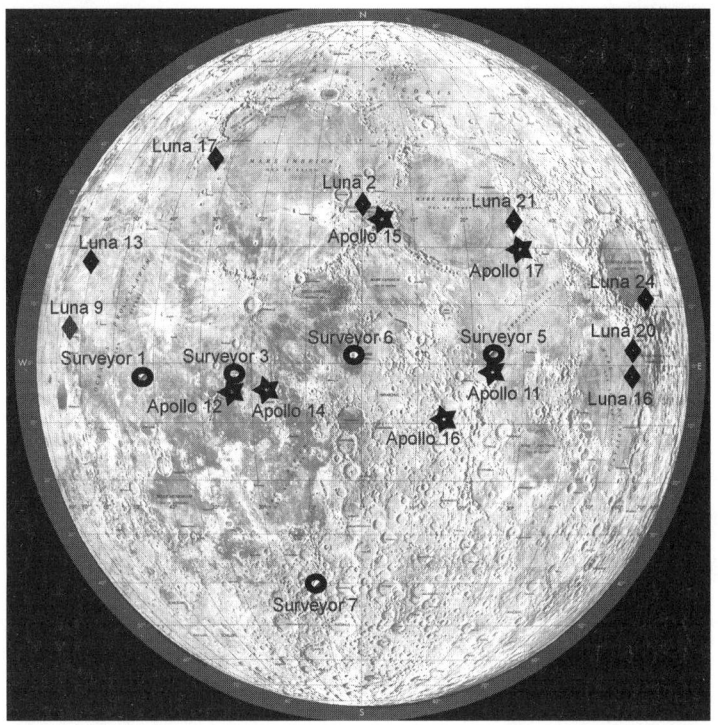

Sowohl die unbemannten Missionen der Reihen Lunar (Sowjetunion) und Surveyor (USA) als auch die bemannten Apollo-Landungen (USA) haben die verschiedenen Landschaftsformen des Mondes untersucht. Leben fanden sie nur, wenn es als blinder Passagier in einer Sonde mitgereist war.
NASA (verändert)

fläche zu verschwinden. Dennoch maß Luna 13 im Dezember zur Kontrolle noch einmal mit einem mechanischen Bodensensor genauer nach.

Auch die US-Amerikaner landeten eine ganze Reihe von unbemannten Sonden wohlbehalten auf dem Mond. Sie streuten ihre Surveyors über verschiedenartige Gegenden. Nummer 1 und 3 erforschten ebenfalls die Tiefebene des Oceanus Procellarum, wohingegen Surveyor 5 einen randlosen Krater im Mare Tranquilitatis untersuchte, Surveyor 6 den Sinus Medii und Surveyor 7 den Krater Tycho, der bei Halbmond die auffälligste Struktur auf der Südhälfte darstellt. Die Surveyor-Mission stand ganz im Zeichen zukünftiger bemannter Mondlandungen. Wie schwierig es war, nicht mit Wucht auf dem Boden zu zerschellen, ist daran zu erkennen, dass noch Surveyor 2 und 4 hart aufschlugen und Totalschaden erlitten. Weiterhin prüften die Sonden, ob die Bedingungen auf dem Mond den Vorstellungen der NASA entsprachen. Dazu waren sie unter anderem mit hochwertigen Kameras ausgestattet, von denen eine von der Apollo-12-Besatzung später zurück zur Erde gebracht und eingehend auf die Folgen eines jahrelangen Aufenthalts auf dem Mond untersucht wurde.

Die Landesonden brachten wertvolle Informationen über die Beschaffenheit der Mondoberfläche. Eine genaue Kartierung des Erdtrabanten konnten aber nur künstliche Satelliten vornehmen, die den Mond längere Zeit in einer Umlaufbahn umrundeten. Abermals gelang es zuerst den Sowjets, einen stabilen Orbit zu erreichen. Luna 10 war der Vorläufer einer langen Reihe von Messsonden, die bis heute laufend mit neuen Missionen erweitert wird.

In den folgenden Jahren brachten sowjetische Landeeinheiten kleine Erkundungsfahrzeuge mit, sammelten Bodenproben und flogen damit zurück auf die Erde. Doch diese Erfolge wurden wenig beachtet. Im Juli 1969 war die Erforschung des Mondes in eine neue Ära getreten: Der Mensch drückte seine großen Fußspuren in den weichen Staub.

Ein großer Schritt für kurze Zeit. Die Mondlandungen des Apollo-Programms fanden alle innerhalb von nur rund dreieinhalb Jahren statt. Am 21. Juli 1967 nach europäischer Zeitrechnung betrat Neil Armstrong als erster Mensch den Mond, und am 14. Dezember 1972 verließ Eugene Cernan ihn als vorläufig letzter Vertreter unserer Art wieder. In 15 Außeneinsätzen brachten die Astronauten insgesamt 3 Tage 9 Stunden und 7 Minuten auf dessen Oberfläche zu. Sie legten dabei 95,15 Kilometer zurück, zunächst zu Fuß, ab Apollo 15 auch in schnittigen Cabrios. Die Männer knipsten Fotos, stellten Geräte zur Aufzeichnung von Mondbeben auf, installierten einen Spiegel für lasergestützte Vermessungen des Abstands zur Erde, führten verschiedene ernsthafte Experimente durch, spielten eine weniger ernsthafte Partie Golf und sammelten als Souvenir für die zu Hause gebliebenen Wissenschaftler fast 400 Kilogramm Mondmaterial ein. Anzeichen für Mondlebewesen fanden sie allerdings keine.

Lediglich für ein kleines Ufo reichte es. Am 27. April 1972 nahm die Kamera des Kommando-Moduls zu Beginn der Rückreise für vier Sekunden ein Objekt auf, das geradezu bestechend einer klassischen «fliegenden Untertasse» ähnelt: Rund, mit einer Kuppel obendrauf, hob es sich hell vom dunklen Monduntergrund ab. Bis ins Jahr 2004 dauerte die Analyse dieser kurzen Filmsequenz an. Währenddessen verkündeten informierte Verschwörungstheoretiker, es handle sich um eine nicht zu leugnende Begegnung mit Außerirdischen, während andere Verschwörungstheoretiker feststellten, dass die Astronauten doch gar nicht auf dem Mond gewesen seien, sondern nur in einem geheimen Filmstudio. Erstaunlicherweise kam die NASA bei ihren Untersuchungen letztlich zu dem Schluss, dass es sich bei dem unidentifizierten fliegenden Objekt nach der Identifikation um einen gänzlich verschwörungsfreien Auslegerarm für den Scheinwerfer bei Außeneinsätzen handelte.

«Mondbäume» wachsen in den Himmel

Die Mission Apollo 14, die am 31. Januar 1971 zum Mond startete, hatte in einer kleinen Schachtel besondere Passagiere an Bord: fast 500 Samen verschiedener Baumarten. Der Astronaut Stuart Roosa hatte vor seinem Dienst bei der Air Force und der NASA als Smoke Jumper Waldbrände bekämpft, indem er mit dem Fallschirm in der Nähe der kritischen Herde absprang. Diese Erfahrung wird ihn auf die Idee gebracht haben, während des Flugs zum Erdtrabanten in seinem persönlichen Gepäck die Samen mitzunehmen. Zusammen mit ihm kreisten sie in der Kommandokapsel «Kitty Hawk» um den Mond, während Alan Shepard und Edgar Mitchell vom 5. bis 9. Februar auf der Oberfläche wissenschaftliche Experimente durchführten. Nach der Rückkehr zur Erde keimten fast alle Samen, und über 400 von ihnen wurden verteilt über die USA feierlich eingepflanzt – häufig im Rahmen der 200-Jahr-Feiern der Unabhängigkeitserklärung.

WAS HAT DER MOND DEM LEBEN ZU BIETEN?

Die Resultate der intensiven Mondforschung lassen wenig Raum für potenzielles Mondleben. Zwar ist unser Trabant vermutlich beim Zusammenstoß der jungen Protoerde mit einem marsgroßen Himmelskörper entstanden und damit weitgehend aus dem gleichen Material wie die Erde aufgebaut, doch hat er sich aufgrund seiner geringeren Größe bis in die Tiefe abgekühlt. Nur 200 bis 400 Kilometer misst der Mondkern und ist fest oder zumindest zähflüssig. Obwohl seine Temperatur auf etwa 1500 Grad Celsius geschätzt wird, reicht dies nicht aus, um bis hin zur Oberfläche eine kuschelige Grundwärme zu liefern. Den Kern umgibt ein dicker Mantel aus Basalt. Ihm liegt die zernarbte Mondkruste auf, die auf der erdzugewandten Seite rund 65 Kilometer dick ist, auf der abgewandten Seite doppelt so tief reicht. Mit ihrem Gravitationssog hat die Erde den Mond außerdem etwas in die Länge gezogen und seinen Schwerpunkt um zwei Kilometer von der geometrischen Mitte zu sich herangezerrt.

In früheren Zeiten gab es auf dem Mond aktive Vulkane, und bei Einschlägen großer Meteoriten trat Magma in gewaltigen Mengen aus und formte die dunklen, Maria oder «Meere» genannten Tiefebenen. Heute ist der Mond dagegen geologisch fast tot, abgesehen von etwa 500 relativ schwachen Mondbeben im Jahr und gelegentlichen Leuchterscheinungen, den sogenannten Lunar Transient Phenomena (LTP). Ihre Ursache ist noch nicht bekannt. Diskutiert werden lokale Lavareste im Mondboden, die vulkanische Gase ausstoßen und dabei Mondstaub aufwirbeln.

Staub, keine Luft und Verwirrung um Mondwasser. Obwohl der Mond von der Erde aus gesehen nach der Sonne das hellste Objekt am Firmament ist, strahlt er nur einen geringen Teil des einfallenden Lichts zurück. Lediglich der große Kontrast zum umgebenden Nachthimmel verleiht ihm seine scheinbare Helligkeit.

Auf der Oberfläche sehen wir ein Regolith genanntes Material, das entsteht, wenn Gestein im ständigen Bombardement von großen und kleinen Meteoriten zermahlen und vorübergehend geschmolzen wird und sich verdichtet. Mehrere Meter dick ist diese Schicht, deren Körnchengröße vom Staubkorn bis zu großen Felsen reicht, deren Zersetzung noch nicht weit fortgeschritten ist. Die meisten Bestandteile entsprechen den Mineralien der Erde, doch treten auch Verbindungen auf, die wohl von den Meteoriten mitgebracht wurden, darunter Kombinationen von Titan mit anderen Elementen. Biologisch bedeutende Substanzen hat man jedoch nicht gefunden.

Sie würden vermutlich auch schnell durch den starken Sonnenwind zerstört, der wegen des kaum vorhandenen Magnetfeldes ungehindert auf den Mond trifft. Die Teilchenstrahlung tritt dabei in den Regolith ein und reagiert mit dem Material. Es entstehen instabile Isotope, die zerfallen und leichte Elemente freisetzen. Auf diese Weise umgibt den Mond eine dünne Schicht von Gasen wie Helium, Neon, Wasserstoff und Argon – eine äußerst bescheidene «Atmosphäre», die zehntausend Milliarden mal dünner ist als die Erdatmosphäre.

Das vom Leben so heiß begehrte Wasser haben die frühen Sonden und die Astronauten vergebens gesucht. Lediglich für die Polregionen machten Wissenschaftler sich noch Hoffnungen. Dort gibt es Krater, in deren tiefen Grund sich niemals ein Sonnenstrahl verirrt. Hätten Kometen bei ihrem Sturz auf den Mond einen Teil ihres Eises in diese natürlichen Kühlkammern geschleudert, könnte es dort bis zum heutigen Tag tiefgefroren überdauert haben. Und tatsächlich wiesen Radarmessungen der militärischen Sonde Clementine im Jahr 1996 in diese Richtung. Eine weitere Sonde, der Lunar Prospector, sollte 1998 Gewissheit bringen. Mit einem Neutronen-Spektrometer registrierte sie die Auswirkungen kosmischer Strahlung auf den Mondboden und stellte eine Abbremsung fest, die bei der NASA als Signal für Wasser gedeutet wurde. Für so viel Wasser, dass bereits Pläne geschmiedet wurden, zukünftige Mondbasen ihr Trink- und Brauchwasser selbst aus diesen polaren Lagern gewinnen zu lassen. Zum krönenden Abschluss seiner Mission stürzte man Lunar Prospector in einen der verdächtigen Mondkrater und erwartete eine Staubwolke mit den verräterischen Signaturen für das ersehnte Molekül. Doch obwohl die Sonde 1999 tapfer den Märtyrertod starb, war der vermeintliche Pool offenbar leer. Nicht einmal das gespannt beobachtende Weltraumteleskop Hubble vermochte Zeichen für Wasser zu erkennen.

Die großen Strategen ließen sich davon aber nicht beirren. Bis zu einer Milliarde Kubikmeter vermuteten sie weiterhin in den Kratern – genug, um eine Stadt wie Berlin vier Jahre lang zu versorgen. Nur war dieses prognostizierte Wasser einfach nicht zu finden. Von der Erde aus sandten Forscher mit einem der größten Radioteleskope der Welt in Arecibo starke Radarwellen aus, die selbst Reservoirs unter der Oberfläche aufspüren müssten. Sie fanden nichts. Stattdessen fingen andere Teams Echos auf, die den Signalen glichen, die Clementine vor Jahren aus den Kratern empfangen hatte. Bloß kamen die speziellen Wellen diesmal aus Regionen, die im prallen Sonnenlicht lagen und sicherlich staubtrocken waren.

Für Wasser auf dem Mond sieht es also eher düster aus. Obwohl die letzte Messung in dieser Frage sicherlich noch nicht durchgeführt wurde, täten kommende Mondfahrer gut daran, sich ein paar Flaschen extra unter den Sitz zu legen.

AUSGESETZT ... UND DOCH ÜBERLEBT

Eine Siedlung auf dem Mond, wie die NASA sie offiziell plant, sieht mangels Wasser vor Ort trockenen Zeiten entgegen. Dennoch haben Vertreter der Erde in den ausgehenden 1960er Jahren bereits länger als zwei Jahre auf dem Mond ausgeharrt. Unfreiwillig, unbemerkt, aber erfolgreich.

Die Mission, mit der die ersten Mondkolonisten zurück auf die Erde geholt werden sollten, stand während ihrer gesamten

Dauer unter keinem guten Stern. Die Bedingungen, unter denen sich Apollo 12 am 14. November 1969 auf den Weg machte, würden heutigen Astronauten den Blutdruck bis in die Haarspitzen treiben und die Verantwortlichen für die Sicherheit mit noch größerer Sicherheit die Jobs kosten.

Blitzschlag und vermasselte Bilder. Es fing mit einem Leck im Treibstofftank der Apollo-Kapsel an, das zwei Tage vor dem anvisierten Start entdeckt wurde. Flugs tauschte man den Tank um, aber nicht etwa in der riesigen Montagehalle, sondern vor Ort an der Startrampe, wo die Saturn V bereits auf ihren Flug vorbereitet wurde. Als es am 14. November dann losgehen sollte, tobte ein Gewitter über Florida. Damals sah man darin keinen Grund, die Reise zu verschieben, und so hob die 111 Meter lange Rakete trotzig ab, was das Wetter mit zwei Blitzeinschlägen in die Saturn kurz nach dem Start bestrafte. Ein großer Teil der elektrischen Geräte fiel daraufhin aus, und mehrere Warnlichter blinkten hektisch auf. Erstaunlicherweise gelang es der Besatzung aber, die meisten Instrumente bald wieder zu reaktivieren, und der Flug wurde fortgesetzt.

Die Landung auf dem Mond verlief nicht nur reibungslos, sie war auch eine Meisterleistung technischer und fliegerischer Präzision. Als Beweis, dass man in der Lage war, punktgenau Ziele auf dem Mond anzusteuern – die vorhergehende Apollo 11 hatte noch über sechs Kilometer nach einer geeigneten Landestelle gesucht –, hatte man die Nähe der unbemannten Raumsonde Surveyor 3 im Oceanus Procellarum ausgewählt. Dem Kommandanten Pete Conrad und dem Piloten Alan Bean gelang es, dichter als 200 Meter an Surveyor 3 aufzusetzen – selbst in störrischen Mondanzügen war diese Entfernung leicht zurückzulegen. Beim Ausstieg spielte der klein gebaute Conrad auf die berühmten Worte Neil Armstrongs an («That's

Der Kommandant von Apollo 12, Pete Conrad, an der zweieinhalb Jahre zuvor gelandeten unbemannten Sonde Surveyor 3 (links), in der Bakterien von der Erde überlebten (rechts).
NASA

one small step for [a] man, one giant leap for mankind» – «Das ist ein kleiner Schritt für einen Menschen, aber ein gewaltiger Sprung für die Menschheit»), indem er ausrief: «Man, that may have been a small one for Neil, but that's a long one for me.» («Mensch, das mag für Neil ein kleiner [Schritt] sein, aber für mich ist es ein großer.»)

Die Pannenserie ging kurz darauf in die zweite Runde. Erstmals sollten die Fernsehzuschauer auf der Erde Farbbilder vom Mond zu sehen kriegen, doch Bean vergaß beim Aufstellen der Kamera, sie vor der starken Sonnenstrahlung zu schützen. Als er ihr Objektiv direkt auf die Sonne richtete, war sie noch vor ihrem Einsatz kaputt.

Auf dem Arbeitsplan der Astronauten stand auch ein Besuch bei der Surveyor 3. Die Sonde war etwa zweieinhalb Jahre zuvor, am 20. April 1967, hier gelandet und hatte zwei Wochen

lang Bilder zur Erde gefunkt und das Bodenmaterial untersucht. Conrad und Bean sollten ihren Zustand begutachten
und Teile von ihr – darunter die Kamera – abbauen und auf die
Erde zurückbringen. Die Wissenschaftler der NASA wollten
in ihren Labors untersuchen, welchen Schaden die Meteoriten,
die Strahlung und der Mondstaub im Laufe der Jahre an dem
Material angerichtet hatten.

Nach 31,5 Stunden war der Aufenthalt auf dem Mond beendet. Conrad und Bean kehrten zur Kommando-Einheit zurück,
und am 24. November hatte die Erde ihre Schützlinge wieder.
Apollo 12 wasserte im Pazifik, wobei Alan Bean eine nicht ausreichend gesicherte Kamera ins Gesicht bekam. Angesichts der
vielen Pannen war die Mission damit wortwörtlich mit einem
blauen Auge davongekommen.

Zweieinhalb Jahre Leben auf dem Mond. «Ich war
immer der Ansicht, das Bedeutendste, was wir jemals auf dem
ganzen Mond gefunden haben, waren diese kleinen Bakterien,
die zurückgekommen sind und noch lebten – und niemand hat
darüber ein Wort verloren», wunderte sich Pete Conrad 1991
beim Rückblick auf die Apollo-12-Mission. Womit er nicht ganz
recht hat, denn einige wenige Zeitschriften wie *Newsweek*, *Sky
and Telescope* und *Aviation Week and Space Technology* hatten
im Jahr 1970 sehr wohl Artikel über die Astronautenbakterien
gebracht, die Apollo 12 aus dem unfreiwilligen Exil heim zur
Erde holte. Aber verglichen mit dem Medienrummel, den vermeintliche Wasservorkommen unter der Oberfläche des Mars
regelmäßig verursachen, ist es ungerechtfertigt still geblieben
um die ersten Erdenbewohner, die für zweieinhalb Jahre auf
einem anderen Himmelskörper gewohnt und dieses Abenteuer
überlebt haben.

Zurück in das Jahr 1970. Am 7. Januar endete die Quarantäne

über die Mitbringsel der Apollo-12-Mission vom Mond. Gleich am folgenden Tag machten sich Wissenschaftler daran, die Kamera von Surveyor 3 zu untersuchen. Als Oberstes stand auf ihrer Liste eine mikrobiologische Untersuchung. Zwar glaubte man nicht, Mondmikroben zu entdecken, doch die Sonde war vor dem Start nicht sterilisiert worden, und so bestand die Möglichkeit, dass Erdbakterien als blinde Passagiere mit zum Mond geflogen waren und irgendwo eine sichere Nische zum Überleben gefunden hatten. Unter strengen Sicherheitsbedingungen, wie sie auch bei der Forschung an hoch ansteckenden Krankheitserregern befolgt werden, öffneten Wissenschaftler das Kameragehäuse und entnahmen an verschiedenen Stellen Proben. Am schwierigsten zu erreichen war der Isolierschaum auf den elektrischen Platinen. Mit einer spitzen Pinzette zupfte man winzige Stückchen von weniger als einem Millimeter Kantenlänge ab. Die Proben gaben die Forscher in Nährlösungen und stellten das Ganze für mehrere Tage in einen Brutschrank mit 37 Grad Celsius. Dann hieß es abwarten.

Die ersten drei Tage waren keine Veränderungen zu erkennen. Dann, am vierten Tag, zog sich in einem Glaskolben ein kurzer weißer Schleier von der Probe ausgehend durch die Nährlösung. Aber nur bei dem Polyurethanschaum der Isolierung – keine andere Probe wies irgendwelche Anzeichen für Bakterien auf. 24 Stunden später hatte sich die Lösung insgesamt getrübt, und die Mikrobiologen begannen mit ihren Analysen. Ihr Ergebnis stand bald fest: Bei dem Bakterium vom Mond handelte es sich um den alpha-hämolytischen Stamm von *Streptococcus mitis*. 31 Monate hatten die Zellen ohne Luft und ohne Nährstoffe bei Temperaturen von weit unter dem Gefrierpunkt bis über 70 Grad und ohne großen Schutz vor der Strahlung auf dem Mond zugebracht – dennoch waren sie bei ihrer Rückkehr lebensfähig. Eine astrobiologische Sensation ersten Ranges.

Wie die Bakterien in den Isolierschaum gelangt sind, ließ

sich im Nachhinein nur vermuten. Der natürliche Lebensraum des gefundenen Streptokokkenstamms ist die Mundhöhle des Menschen. Die Zellen sind kleine runde Kügelchen von einem tausendstel Millimeter Durchmesser mit einer dicken Zellwand, die sich an wechselnde Sauerstoffversorgung anpassen können. Sie gelangen besonders gut in die Umgebung, wenn jemand erkältet ist und niest. Womöglich ist genau dies einem Techniker passiert, als er an der Kamera arbeitete. Mit kleinen Speicheltröpfchen werden die Streptokokken auf die Isolierung gelangt sein. Beim Eintrocknen schlossen die Speichelproteine die Bakterien fest ein, und bei den Vakuumtests der Sonde am Boden wurden die Mikroorganismen gefriergetrocknet. Ein relativ schonendes Verfahren, bei welchem den Zellen ein großer Teil ihres Wassers entzogen wird und dessen Resultat uns in Form von Tütensuppen im Alltag begegnet. Auch Joghurtbakterien, mit denen die Streptokokken verwandt sind, werden so haltbar gemacht. Zwar schaffen es längst nicht alle Zellen rechtzeitig, ihre DNA und die Proteine in den wasserarmen Überlebensmodus zu überführen, aber es reicht aus, wenn eine Handvoll Organismen die Prozedur übersteht. In der erzwungenen Trockenruhe sind sie ungleich widerstandsfähiger als während ihrer aktiven Phasen. Dadurch konnten ihnen Kälte, Hitze und Strahlung über Jahre hinweg wenig anhaben, wohingegen alle Mikroorganismen auf den Außenseiten der Mondanzüge, Mondfähren und Arbeitsgeräte nach kurzer Zeit ebenso steril waren wie die Bodenproben vom Mond.

Vor einigen Jahren sind allerdings Zweifel aufgetreten, ob die gefundenen Bakterien wirklich auf dem Mond waren oder womöglich einfach durch eine schlampige Vorgehensweise bei der Probenentnahme in die Nährlösungen geraten sind. Im Wesentlichen stützt sich diese Interpretation der Untersuchung auf die Aussage eines Beobachters, der gesehen haben will, wie ein Instrument vorübergehend auf eine nicht sterile Arbeitsfläche gelegt wurde, bevor damit der Isolierschaum aus der Kamera entnommen wurde – also genau jene Probe, in welcher die mondfahrenden Bakterien gesteckt haben sollen. Ob den untersuchenden Wissenschaftlern damals wirklich so ein haarsträubender Fehler unterlaufen ist oder ob die Behauptungen frei erfunden sind, lässt sich im Nachhinein nicht mehr feststellen. Längst ist die Kamera durch unzählige Hände voller Bakterien gegangen und gründlich mit irdischen Mikroben «verseucht». Die Frage, ob die Streptokokken tatsächlich auf dem Mond überlebt haben, ist zum Glück auch nicht der einzige Hinweis darauf, dass gewöhnliche Allerweltsbakterien von der Erde es über Jahre hinweg unter Weltraumbedingungen aushalten können. Denn inzwischen waren auch andere Mikroben im All – zweifelsfrei.

WARTEN AUF BESSERE ZEITEN

Gefriergetrocknete Streptokokken sind zweifellos harte Burschen, die einiges abkönnen. Ihre Zähigkeit wird aber noch übertroffen von den Überlebenspackungen, die andere Bakterien entwickelt haben – Endosporen. Anders als die Sporen von Pilzen, Algen, Moosen und Farnen dienen diese Endosporen nicht der Vermehrung, sondern sind einzig und allein darauf ausgerichtet, den Organismus über eine extrem üble Zeit zu bringen. Es sind sozusagen die atombombensicheren Bunker in der mikrobiologischen Welt. Das Leben zieht sich mit dem Allernötigsten in eine gepanzerte Rettungskapsel zurück und fährt alle Prozesse fast auf null zurück. Dann wartet es auf bessere Bedingungen. Lange. Wenn es sein muss, sehr lange – so haben Wissenschaftler im Magen einer Biene, die in Bernstein eingeschlossen war, lebensfähige Endosporen gefunden, die über 25 Millionen Jahre alt waren. Jurassic Park ist für solche Mikroorganismen kein Problem.

Nicht alle Bakterientypen sind in der Lage, Endosporen zu bilden. In der Forschung am beliebtesten sind Stämme aus der Gruppe *Bacillus*, aber auch Chlostridien wie der Tetanuserreger sind potente Sporenbildner. Verschlechtern sich die Lebensumstände eines solchen Bakteriums bedeutend, beispielsweise wegen eines akuten Nährstoffmangels, beginnt es mit dem Bau der Endospore. Innerhalb der Zelle kondensiert es einen Satz seines Erbmaterials zu einem festen Klumpen und umgibt ihn mit einer mehrschichtigen, proteinreichen Hülle. In der Spore ist kaum Wasser zu finden, dafür machen eine ungewöhnlich hohe Konzentration von Kalzium und eine spezielle organische Säure sie widerstandsfähig gegen Hitze. Nach wenigen Stunden ist die Endospore fertig, und die Zelle löst sich auf, um die Rettungskapsel freizugeben.

Hitze, Säure, Strahlung, chemisch aggressive Stoffe und Mangel an Wasser und Nährstoffen können den Endosporen wenig anhaben. Sie sind sogar erstaunlich weltraumfest. Auf der Außenseite des Satelliten *Long Duration Exposure Facility* (LDEF) war neben weiteren Experimenten ein Behälter mit Sporen des Bakteriums *Bacillus subtilis* angebracht, kaum geschützt von zwei dünnen Schichten Zellulosenitrat. Im April 1984 setzte das Spaceshuttle Challenger das LDEF in einer Umlaufbahn von rund 500 Kilometer Höhe aus. Über zehn Monate sollten verschiedenste Versuche die Auswirkungen des Weltraums auf unterschiedliche Materialien testen. Doch Terminschwierigkeiten und die Challenger-Katastrophe von 1986 verschoben die Rückkehr bis in den Januar 1990. Fast sechs Jahre hatten die Endosporen im Weltraum zugebracht – und keimten im Labor auf Anhieb aus. Nur die obersten Schichten waren in der Strahlung abgestorben und hatten die darunter liegenden Sporen geschützt.

Die Erfahrungen mit den Bakterien vom Mond und dem sechsjährigen Dauertest der Bazillensporen haben eines deutlich gemacht: Bei der Suche nach fremdem Leben auf fernen Welten besteht die reale Gefahr, dass unsere Raumsonden die besuchten Himmelskörper mit irdischem Leben infizieren. Um dies zu verhindern – und außerdem zu vermeiden, dass umgekehrt außerirdische Organismen unkontrolliert auf unseren Planeten gelangen –, wacht im Auftrag der Vereinten Nationen das COmmitee on SPAce Research (COSPAR) über die Einhaltung einer Reihe von Sicherheitsbestimmungen, die jeweils nach dem neuesten Stand des astrobiologischen Wissens aufgestellt werden.

Kategorisch sauber und unbelebt. Da von der Erde nur eine Ansteckungsgefahr mit irdischem Leben ausgeht und wir nicht wissen, wie fremde Lebensformen aussehen könnten, beschränken sich die Regeln auf Bakterien und ähnliche Organismen. Je nachdem, wie einladend ein Himmelskörper vermutlich ist und wie dicht eine Sonde ihm kommt, fallen Erkundungsmissionen in verschiedene Kategorien:

▸ **Kategorie I** enthält Objekte, auf denen keine chemische oder biologische Evolution erwartet wird oder möglich ist. Dementsprechend sind keinerlei Schutzmaßnahmen vorgeschrieben. Kategorie I betrifft die Sonne, die Planeten Merkur und Venus sowie den Mond der Erde.

▸ **In Kategorie II** fallen Missionen zu Himmelskörpern, auf denen es im Prinzip eine chemische oder biologische Evolution geben könnte, bei denen aber die Wahrscheinlichkeit einer störenden Infektion sehr gering ist. Darum sind keine gesonderten Vorkehrungen zu treffen, sondern nur die Vorbereitungen, der Verlauf und die Ergebnisse zu protokollieren und zu berichten. Kategorie II gilt für die Planeten Jupiter, Saturn, Uranus, Neptun, für Pluto und Charon, Kometen sowie Objekte des Kuipergürtels.

Eigentlich glaubt bei den Raumfahrtorganisationen niemand so recht, dass es auf den oben genannten Himmelskörpern wirklich Leben oder Vorstufen dazu gibt. Erst in den höheren Kategorien schätzt man die Aussichten dafür verhalten positiv ein. Dementsprechend unterscheiden sich die Stufen nicht mehr durch ihre Zielobjekte, sondern in der Art der Mission. Sonden, die nur vorbeifliegen oder in einer Umlaufbahn bleiben, stellen eben eine geringere Gefahr dar als Landemodule oder Roboterfahrzeuge.

‣ **Kategorie III** schützt Objekte, auf denen eine echte Chance auf chemische oder biologische Evolution besteht und damit ein Kontaminationsrisiko, die aber lediglich in großer Entfernung passiert oder umkreist werden. Neben einer ausführlichen Dokumentation sind vorausberechnete Flugbahnen ebenso vorgeschrieben wie die Konstruktion der Sonde in Reinräumen und eventuell eine desinfizierende Reinigung. Falls nicht ausgeschlossen ist, dass die Sonde doch auf die Oberfläche fällt, ist eine Liste mit den organischen Bestandteilen anzulegen, damit bei späteren Missionen kein falscher Bioalarm durch die verriebenen Trümmer ausgelöst wird. Unter die Kategorie III fallen Vorbeiflüge und Missionen in einer Umlaufbahn um Mars und den Jupitermond Europa.

‣ **Kategorie IV** ist die höchste Schutzstufe für fremde Himmelskörper. Sie geht ebenfalls von einer möglichen chemischen und biologischen Evolution aus. Weil sie jedoch die Bestimmungen für Missionen oder Teilen davon regelt, die tatsächlich auf dem Zielobjekt landen, besteht ein sehr großes

Risiko, unbeabsichtigt irdische Mikroorganismen oder Biomoleküle einzuschleppen, die bestenfalls zu verfälschten Messergebnissen führen, schlimmstenfalls ein entstehendes oder bereits vorhandenes Ökosystem zerstören. Die Dokumentation der Mission muss zusätzlich angeben, wie viele Organismen sich nach den Sterilisationen noch auf oder in der Einheit befinden, wie wahrscheinlich eine Kontamination ist und welche organischen Materialien auf das Zielobjekt gebracht werden. Die Einheit muss in Reinräumen zusammengebaut und desinfiziert werden, ihre Teile, die mit der Oberfläche in Kontakt kommen, sind so weit wie möglich zu sterilisieren und anschließend entsprechend keimfrei zu verpacken. Kategorie IV betrifft Einheiten, die auf dem Mars oder dem Jupitermond Europa landen.

Nicht nur ferne Welten müssen geschützt werden, auch auf unsere Erde sollen keine fremden Organismen geraten, zumindest nicht außerhalb strengstens kontrollierter Laboratorien. Die Sicherheit bei Missionen, die Material zur Erde bringen, regelt die fünfte Kategorie.

▸ **Kategorie V** betrifft alle Aktivitäten, die nach ihrem Ausflug ins All mit Souvenirs auf die Erde zurückkommen. Sie ist nochmals unterteilt nach angeflogenen Zielobjekten und deren Wahrscheinlichkeit für Leben. Gilt ein Himmelskörper als biologisch tot, fallen keine besonderen Vorsichtsmaßnahmen an. Ansonsten sind Maßnahmen zu ergreifen, dass die rückkehrende Einheit der Mission nicht bei einem harten Aufprall auf der Erde zerbricht und alle mit dem fremden Himmelskörper in direkten Kontakt getretenen Teile sowie alle nicht sterilisierten Proben sicher verwahrt sind. Die Analyse der Proben hat zeitnah und mit den besten Methoden in einer sicheren Umgebung zu erfolgen. Sollte dabei etwas gefunden werden, was sich selbst vermehren kann, ist es unter Verschluss zu halten oder abzutöten – lebenslange Haft oder Todesstrafe für unfreiwillige Besucher auf der Erde. Wen wundert es da noch, dass intelligente Lebensformen schleunigst das Weite suchen, sobald eine Sonde von der Erde auf ihrem Planeten niedergeht? Kategorie V ist gültig für alle Missionen, die zur Erde zurückkehren. Ohne Einschränkungen erlaubt sind Expeditionen zum Erdmond, eingeschränkt sind Rückkehrmissionen zum Mars und zum Jupitermond Europa.

Reinigen mit sanfter Gewalt. Beim Zusammenbau der Raumsonden neugierige Bakterien fernzuhalten, ist keine leichte Aufgabe. Mit haushaltsüblichen Reinigungstüchern sind die strengen Grenzwerte der Kategorie IV bei Weitem nicht zu erreichen. Und obendrein vertragen manche elektronischen Sensibelchen keine rigorosen Sterilisationen. Also haben Wissenschaftler und Techniker sich verschiedene Tricks ausgedacht, um dennoch möglichst sterile Abgesandte ins All zu schicken:

Ein Reinraum ist noch relativ einfach zu errichten. Der Traum pingeliger Hausfrauen und -männer wird von einem steten Luftstrom durchzogen, der zuvor mehrere Filter passiert. Ein leichter Überdruck sorgt dafür, dass durch Ritzen und versteckte Löcher Luft nur nach draußen bläst, aber nicht nach drinnen gelangen kann. Wer den Reinraum betreten will, muss sich in einen weißen Schutzüberzug stecken lassen, bekommt eine Haube über die Haare gezogen, Chirurgenhandschuhe, Überschuhe, eine Atemmaske und sollte besser nicht zu viel getrunken haben, denn die Toiletten sind draußen, und es dauert eine Weile, sich in die porentief weiße Schale zu werfen.

Weitgehend bakterienfrei werden Sonden durch die Sterilisation. Dafür kommen sie in eine Art Backofen und werden für 30 Stunden auf 110 bis 120 Grad Celsius erhitzt. Unter diesen

Bedingungen würden elektronische Bauteile allerdings ebenfalls ihr «Leben» aushauchen, weshalb sie bei niedrigeren Temperaturen in einer Atmosphäre von Wasserstoffperoxid sterilisiert werden. Der chemische Zusatz schadet den Schaltungen nicht, tötet aber Mikroorganismen gnadenlos ab.

Ob die Sonde und ihre Teile nach der Behandlung ausreichend keimfrei sind, testen Mikrobiologen, indem sie mit kleinen Lappen über die Flächen wischen und anschließend nach keimenden Bakterien suchen. Aus den dabei gefundenen Kolonien können sie hochrechnen, wie viele Zellen oder Sporen sich noch auf der Sonde befinden und ob die zulässige Anzahl unterschritten ist. Denn bei aller peniblen Brutalität: Völlig keimfrei wird eine Raumsonde vor dem Start niemals sein. Der verschollene Marslander *Beagle 2* der europäischen Weltraumagentur ESA trug beispielsweise beim Abflug weniger als 300 Mikroben pro Quadratmeter auf seiner Außenseite und etwa 300 000 in seinem Inneren. Die Wissenschaftler und Techniker hoffen, dass die verbliebenen Zellen dann jeweils auf ihrer Reise durchs Weltall den Strahlentod sterben. Eine sehr wahrscheinliche, aber keineswegs sichere Annahme.

UNTERM STRICH

Der Mann im Mond ist offenbar ganz allein – weder unbemannte Sonden noch die Astronauten der Apollo-Missionen haben auf dem Erdtrabanten Hinweise auf Leben oder einfache Biomoleküle gefunden. Die Bedingungen mit ihren heftigen Temperaturschwankungen und der starken Strahlung sind so lebensfeindlich, dass selbst Bakterien von der Erde allenfalls in einer Art Notfallmodus passiv auf bessere Zeiten hoffen können.

Experimente mit bakteriellen Endosporen haben allerdings bewiesen, dass Leben tatsächlich über Jahre hinweg dem rauen Weltraumklima zu trotzen vermag. Entsprechend gründlich müssen Raumsonden, die von der Erde zu Expeditionen auf anderen Himmelskörpern aufbrechen, von Mikroorganismen gereinigt werden. Anhand einer fünfstufigen Kategorienliste ist auf internationaler Ebene festgelegt, welche Maßnahmen für verschiedene Ziele zu treffen sind. Dabei handelt es sich letztlich aber um einen Kompromiss zwischen der Idealvorstellung, das besuchte System überhaupt nicht zu beeinträchtigen, und den praktischen und finanziellen Möglichkeiten einer Sterilisation auf der Erde.

WO SCIENCE IN FICTION ÜBERGEHT

Es ist ungemütlich geworden auf dem Planeten. In der Luft befinden sich so viele Schwebstoffe, dass der Blick aus dem Fenster nach wenigen Metern im trüben Nichts endet. Das nahe Meer stinkt mit seinen klebrigen Wellen bis in den Ort hinein, und der tote Boden schickt dunkle Staubböen durch die Straßen. Ein paar tausend Jahre Zivilisation haben gereicht, um die Früchte einer vier Milliarden Jahre währenden Evolution aufzubrauchen. Das Leben auf dem Planeten steht vor dem Aus, und seine Bewohner wissen das. Es nützt ihnen nichts. Sie schaffen ihn nicht, den entscheidenden, längst überfälligen und dringendst nötigen Schritt von der Erkenntnis zum gebotenen Handeln. Auch das wissen sie. Und machen weiter wie bisher.

Einige Zeit haben sie sich mit ausgeklügelten Selbsttäuschungen getröstet. Zunächst war noch nichts bewiesen, dann sollten neue Techniken die Probleme unter Kontrolle bringen, bald gab es Pläne, einen benachbarten Planeten im System bewohnbar zu machen, und schließlich flüchtete man sich in abgewandte Spiritualität. Alle Blasen zerplatzten. Sie würden bald am Ende sein. Von sich selbst zermalmt in einer Sackgasse der Evolution, weil sie vergessen hatten, den Sinn für das richtige Maß zu entwickeln. Sie wissen es. Und dieses Wissen macht es nur schwieriger.

Nicht mehr zu sein. Gar nicht mehr. Gedanken, die nicht zu ertragen sind. Nicht für die Bewohner einer selbstzerstörten Welt. Weitergeben, so viel wie möglich. So wenig. An wen? Es ist sonst niemand da. Sie haben gesucht, aber nicht gefunden. Und es ist so weit. Zu weit für sie selbst. Zu weit für alles aktive Leben. Nur das passive in seiner schützenden Hülle hat eine Chance. Also bauen sie Fähren für die Sporen. Wählen junge Sterne und dichte Nebel aus. Die Rauchwolken der aufsteigenden Raketen sind nicht zu sehen in der diesigen Atmosphäre. Aber ihr Donnern grollt einen lang gezogenen Abschiedsgruß.

Die Reise dauert lang. Harte Strahlung bringt die Moleküle in Aufruhr, schnelle Teilchen durchschlagen Hüllen, trennen lebenswichtige Verbindungen. Sterne saugen die Lebenssonden ein, Asteroide zermalmen sie zu feinem Staub. Nicht ein Prozent kommt durch. Weniger finden ein Ziel. Und noch weniger tragen lebensfähige Sporen.

Aber es sind genug. Am Rande der Galaxie fängt ein dampfender Planet mit seinem jungen Ozean eine Sonde auf. Er spendet Wasser, Salze und Chemie, sie das keimende Leben. Zurück auf dem Start. Am Beginn einer neuen Evolution. Einer neuen Chance.

LEBENSSPUREN AUF KOSMISCHEN VAGABUNDEN

Was ist das? – Es zischt mehr als zehn Minuten lang als sonnenheller Feuerball über den Himmel, explodiert dann mit einem Viertel der Wucht der Hiroshima-Bombe in der Luft und ist anschließend über Tage hinweg unauffindbar. Keine Ahnung? Dann geht es Ihnen wie den Bewohnern des kanadischen Westens, die am 18. Januar 2000 um kurz vor 10 Uhr Zeugen dieses Schauspiels wurden. Nur so viel war klar: Irgendetwas Großes hatte sich da mit einem ordentlichen Knall verabschiedet.

Wie groß genau, das errechneten Wissenschaftler bald nach dem Feuerwerk auf Basis von Satellitendaten, Zeugenaussagen und einigen Amateuraufnahmen des Ereignisses. Sie kamen auf 150 Tonnen Gestein. Und es stammte offenbar aus dem Weltraum. Ein Meteorid, der am Ende eines heißen Flugs durch die Atmosphäre zerplatzt war. Eine phantastische Chance, auch ohne teure Raumsonde kosmisches Material ins Labor zu bekommen, nur – wo lagen die Trümmer? Aus dem Flugzeug waren im vermeintlichen Absturzgebiet keinerlei Bruchstücke auszumachen, geschweige denn ein Einschlagskrater. Es war, als habe der Meteorid sich vollständig in Staub aufgelöst.

Eine Woche wurde die Geduld der Forscher strapaziert. Dann entdeckte der Einheimische Jim Brook auf seinem Heimweg über den zugefrorenen Tagish Lake einen dunklen Klumpen im Eis. Geistesgegenwärtig sammelte er ihn mit einer Plastiktüte ein, ohne den Stein zu berühren, und hielt ihn während der weiteren Fahrt gut gekühlt, was im kanadischen Winter leicht zu bewerkstelligen ist. 4,5 Milliarden Jahre waren sein Fund und die noch rund 500 weiteren Bruchstücke alt, die bald darauf in der Gegend des Sees gesichert wurden. Zusammen mehrere hundert Kilogramm gefrorenes Wissen über die Entstehung des Sonnensystems und womöglich der Entwicklung des Lebens.

Meteorid, Meteor oder Meteorit?
Stürzt ein fremder Himmelskörper auf die Erde nieder, so wird er nicht nur heiß, bis er vielleicht sogar zerplatzt oder verdampft – obendrein wird er unterwegs laufend umbenannt.
Als Meteorid bezeichnen Wissenschaftler ihn, solange sich der Körper noch im Weltraum zwischen den Planeten befindet. Beim Eintritt in die Erdatmosphäre zieht er eine Leuchtspur hinter sich her, die Meteor – oder malerischer: Sternschnuppe – genannt wird. Überstehen Teile des Objekts den heißen Trip durch die immer dicker werdende Luft und gelangen bis zum Erdboden, erhalten diese Reste den Namen Meteorit und einen Platz im Museum. Nach einer gründlichen wissenschaftlichen Analyse, versteht sich.

KLEIN, ABER ZAHLREICH

Eigentlich sind Meteorite nichts Besonderes. Schätzungsweise 40 Tonnen rieseln täglich auf die Erde nieder. Allerdings nicht in einem Stück, sondern in Form unzähliger Staubkörnchen, die bei ihrem Eintritt in die Erdatmosphäre wie eine Feder sanft von der Luft gebremst werden und unbeschadet zu Boden sinken. Ausreichend Material für umfangreiche Untersuchungen – wenn es denn zu finden wäre. Doch mit Ausmaßen unterhalb eines zehntel Millimeters mischt sich der Weltraumstaub unter Sand, Pollen, Bruchstücke von Federn und Haaren und all dem übrigen irdischen Tand, von dem er selbst unter dem Mikroskop nur schwer zu unterscheiden ist.

Entsprechend begehrt sind die ungleich selteneren Exemplare, die es in nennenswerter Größe bis zum Erdboden schaffen. Je nach ihrer Zusammensetzung unterscheiden Wissenschaftler Stein-, Eisen- und Stein-Eisen-Meteorite, wobei jede Gruppe in mehrere Unterabteilungen zerfällt. Mit über 80 Prozent aller gefundenen Meteorite stellen die zu den Steinmeteoriten gehörenden Chondrite die weitaus größte Klasse. Und die interessanteste, denn vermutlich entstanden die Chondrite in der Frühzeit des Sonnensystems und sind damit so etwas wie die übrig gebliebenen Bausteine, aus deren Verwandten sich die inneren Planeten mitsamt der Erde gebildet haben.

Die Zeit zwischen der Entstehung des Sonnensystems vor 4,5 Milliarden Jahren und ihrem Einschlag auf der Erde verbrachten die Gesteine meist als Bestandteile von Asteroiden. Dabei handelt es sich um eine Art Miniaturplaneten, die vermutlich von der Gravitationskraft des jungen Jupiters daran gehindert wurden, sich zu einem richtigen Planeten zu verbinden. Stattdessen wandern die meisten von ihnen als Teil des Asteroidengürtels zwischen Mars und Jupiter um die Sonne. An die 340 000 Asteroide sind bislang bekannt, doch wird ihre Zahl in die Millionen geschätzt. Manche von ihnen haben eine stattliche Größe. Ceres beispielsweise, der 1801 als erster Asteroid überhaupt entdeckt wurde, misst am Äquator stolze 975 Kilometer und wurde darum inzwischen in den Stand eines Zwergplaneten erhoben. Andere sind so klein, dass sie in Teleskopen allenfalls als Punkte oder gar nicht erscheinen.

So viel Gedrängel führt zu Unfällen. Immer wieder kollidieren Asteroide miteinander, schlagen sich gegenseitig in Stücke oder zumindest Teile heraus. Die Trümmer irren über Jahrmillionen durch den Raum, als Spielball der verschiedenen Gravitationskräfte. Bis sie in den Sog der Erde geraten, auf den Planeten zustürzen und schließlich als Meteoriten in den Labors der Wissenschaftler landen. Wo sie lange Zeit für ungläubiges Staunen gesorgt haben. Denn im Inneren der Boten aus dem frühen Sonnensystem wimmelt es von Biomolekülen.

Manche Asteroide haben einen eigenen kleinen Mond. 243 Ida selbst ist nur etwa 56 Kilometer lang. Sein Begleiter (der helle Fleck rechts) misst gerade einmal 1,5 Kilometer.
NASA/JPL-Caltech

Der erste anerkannte Beleg für organische Verbindungen als Bestandteil eines Meteoriten stammt aus der Wüste Australiens. Dort ging am 28. September 1969 in der Nähe des kleinen Orts Murchinson ein gewaltiger Chondrit nieder, von dem innerhalb kurzer Zeit rund 100 Kilogramm Material gefunden wurden. Er war offenbar bereits in großer Höhe zerbrochen, denn die meisten Stücke waren von einer Schmelzkruste umgeben. In ihrem Inneren bargen sie verschiedenartige Kristallkörnchen, darunter auch winzige Diamanten.

Viel erstaunlicher war jedoch, dass in dem Murchinson-Meteoriten eine große Zahl von Kohlenwasserstoffketten, -ringen und -säuren entdeckt wurde – organische Substanzen, wie sie vor allem aus der Biochemie von Lebewesen bekannt waren. Sogar Aminosäuren fand man; nicht ein oder zwei, sondern gleich 17 verschiedene Typen. Die vorerst letzte Überraschungsmeldung gab es im Jahr 2001, als ein NASA-Wissenschaftler Dihydroxyaceton in einem Bruchstück des Meteoriten nachwies – ein kleines Zuckermolekül, das eine Schlüsselrolle beim Stoffwechsel der meisten Zellen einnimmt.

Woher stammte diese Fülle an organischen Verbindungen? Zunächst vermuteten viele Wissenschaftler, die Moleküle seien beim Aufprall auf der Erde, beim Einsammeln oder später im Labor in den Meteoriten gelangt. Doch gegen diese Kontaminationsthese sprach, dass die Substanzen als Gemische aus verschieden räumlichen Anordnungen der Atome vorlagen. Beispielsweise können Aminosäuren in der L- oder der D-Form auftreten, die einander entsprechen wie linke und rechte Hand. Chemisch verhalten sich die Formen gleich, aber dennoch benutzen Zellen auf der Erde fast ausschließlich die L-Varianten. Geraten Verunreinigungen von irdischen Bakterien oder unachtsamen Fingern in das Weltraumgestein, kann es nur diese L-Form sein. Im Murchinson-Meteorit lagen hingegen D- und L-Version etwa gleich häufig vor. Außerdem enthielten die Substanzen ungewöhnliche Atomvarianten: Isotope mit zusätzlichen Neutronen im Kern, wie sie im Weltall durch den ständigen Strahlenbeschuss entstehen. Und schließlich enthielt die Liste der organischen Stoffe auch Verbindungen, die man von der Erde überhaupt nicht kannte. Alles zusammen ließ nur den Schluss zu: Das Labor für die Synthese dieser organischen Moleküle lag im Weltraum.

In diese Richtung wiesen auch die Analysen weiterer Meteoriten, darunter die Untersuchung des Tagish-Lake-Meteorits. Er enthielt ebenfalls gestreckte und ringförmige Kohlenwasserstoffe, organische Säuren und Stickstoffverbindungen, aber keine Aminosäuren. Insgesamt war sein Molekülmix viel einfacher gestaltet als die Sammlung des Murchinson-Meteoriten. Wie passte das zusammen? Warum tragen nicht alle Meteoriten die gleiche organische Fracht?

Die Antwort könnte in der unterschiedlichen Vergangenheit der Gesteine liegen. Zu Beginn enthalten sie wohl alle einen Satz einfacher Moleküle, der in etwa dem Gemisch des Tagish-Lake-Meteoriten entsprechen könnte. Aber während dieser es anscheinend ohne größere Störungen bis in unsere Zeit geschafft hat, durchlaufen andere Himmelskörper wie der Murchinson-Meteorit eine anstrengende Entwicklung. Hitze und Kälte wechseln einander ab, dazu kommen intensives ultraviolettes Licht und kosmische Strahlung. Ein physikalisches Hin und Her, das ständig chemische Bindungen aufbricht und neue knüpft. Nach und nach entstehen so aus kleinen, einfachen Molekülen größere, komplizierte Exemplare. Der chemische Baukasten für biochemische Experimente wird laufend aktualisiert und verbessert. In der Murchinson-Version ist das Angebot bereits so umfangreich und raffiniert, dass die Mischung im

Laborexperiment als Nahrungsgrundlage für Bakterien und Algen ausreichte. Eine leckere Knabberei aus dem Weltall – oder sollte die kosmische Biochemie bereits mehr zuwege gebracht haben?

Immerhin beweist die Anwesenheit von Biomolekülen auf Meteoriten, dass der Sturz durch die Atmosphäre und auf den Boden für komplexe Verbindungen keineswegs das Aus bedeutet. Im Gegenteil: Bei Crash-Versuchen an der University of California in Berkeley, in denen eine spezielle Kanone Molekülgemische in einem Behälter gegen ein hartes Ziel schoss, überstanden die Substanzen den Aufprall nicht nur – sie nutzten die frei werdende Energie sogar für weitere chemische Reaktionen. Einzelne Aminosäuren verbanden sich zu kurzen Ketten von zwei, drei oder vier Einheiten, sogenannten Peptiden. Würde so eine Kette weiter wachsen auf ein paar hundert Aminosäuren, hätten wir bereits ein Protein.

Muss es unbedingt Kohlenstoff sein?

Astrobiologen suchen auf fernen Himmelskörpern meist nach chemischen Verbindungen, deren Grundgerüst aus dem Element Kohlenstoff aufgebaut ist. Diese mitunter als Kohlenstoffchauvinismus bezeichnete Fokussierung hat im Wesentlichen zwei Gründe:

▸ Bislang kennen wir nur Lebensformen, die auf Kohlenstoff basieren.

▸ Kohlenstoff weist eine einzigartige chemische Flexibilität auf. Es kann seine Elektronen so organisieren, dass die Atome Einfach-, Doppel- und Dreifachbindungen eingehen können. Je nach Partner entstehen dabei elektrisch weitgehend neutrale Gruppen (zum Beispiel in Verbindung mit Wasserstoff) oder polare Bereiche (zum Beispiel mit Sauerstoff). Kohlenstoffatome untereinander können fast beliebig lange Ketten ausbilden. Zu den Seiten oder auch in die Ketten integriert können Fremdatome eingebaut werden, deren besondere Eigenschaften sich nur lokal auswirken. Ein einziges großes Molekül kann so verschiedene Charaktere in sich vereinen.

Andere Elemente, beispielsweise Silizium, können mit dieser chemischen Vielseitigkeit nicht konkurrieren und sind dem Kohlenstoff deshalb vermutlich unter gemäßigten Umweltbedingungen als Grundlage einer Biochemie unterlegen.

VAGABUNDIERENDE CHEMIELABORATORIEN

Viele Astrobiologen vermuten daher, dass die Zutaten der Ursuppe zumindest zum Teil aus dem All auf die junge Erde gelangt sind. Denn Biomoleküle kommen nicht nur auf Asteroiden und Meteoriten vor, sie sind praktisch überall im Weltraum anzutreffen. In den dunklen Staubwolken zwischen den Sternen hat man bereits Anzeichen für rund 150 verschiedene Molekülsorten gefunden, von denen über 90 Prozent Kohlenstoff enthalten – den Grundbaustein für Leben, wie wir es kennen. Die Substanzen verraten sich selbst über viele Lichtjahre hinweg durch ihre typischen Spektren, indem sie ganz spezifische Anteile des Sternenlichts hinter ihnen schlucken. Wasser, Ammoniak, Methan, Ameisensäure, Methanol, Ethanol, Essigsäure, sogar den Zucker Glykolaldehyd konnten die Teleskope bereits aufspüren. Der Kosmos bietet regelrecht an jeder Ecke Futter und Bausteine für potenzielles Leben. Es müsste vielleicht nur genug davon auf hoffnungsvolle Jungplaneten mit den geeigneten Umweltbedingungen niedergehen, um einen

«Vorsicht! Der Typ ist ansteckend!»

chemischen Evolutionsboom mit allen biologischen Folgen auszulösen.

Für den Transport bieten sich paradoxerweise die «Unglücksboten» vergangener Zeiten an – Kometen. Früher erwarteten die Menschen beim Erscheinen dieser «schmutzigen Schneebälle» den sicheren Weltuntergang. Und auch in unserer Zeit ist noch genug Platz für solchen Aberglauben. So begingen die Angehörigen der Sekte *Heavens Gate* («Himmelstor») beim Auftauchen des Kometen Hale-Bopp im Jahr 1997 gemeinsamen Massenselbstmord, um ihre Seelen auf das Raumschiff zu senden, das dem Schweifstern ihrer Ansicht nach folgte. Da weniger aufgeregte Wissenschaftler trotz eingehender Untersuchung von Hale-Bopp in dessen Nähe keinerlei Anzeichen für ein Ufo gefunden haben, sind berechtigte Zweifel am Erfolg dieser Umsiedlungsaktion angebracht. Wahrscheinlich handelte es sich bei dem vermeintlichen Raumschiff um den lichtschwachen Stern SAO141894, den ein Amateurastronom auf einem Foto in scheinbarer Nähe des Kometen entdeckt hatte, aber nicht in seiner Computerdatei finden konnte, weil er die falschen Programmeinstellungen vorgenommen hatte.

Hale-Bopp selbst wäre jedenfalls für anspruchsvollere Lebensformen kein einladendes Ausflugsziel. Zwar haben die zahlreichen Messungen und Beobachtungen vom Wasser bis zur Methylameisensäure eine Fülle organischer Substanzen ergeben. Doch auf ihren langen Wegen durch das Sonnensystem verbringen Kometen die meiste Zeit in entfernten Regionen, in denen die Temperatur weit unter −200 Grad Celsius liegt und die Sonne kaum mehr als ein heller Punkt ist. In diese Randbereiche jenseits der Planetenbahnen sind die Himmelskörper wahrscheinlich im komplexen Wechselspiel der Gravitationskräfte geraten, als die großen Gasplaneten sich um alles Material in ihrer Reichweite stritten. Ein großer Teil der Gesteinsbrocken wird auf Nimmerwiedersehen in die Weiten des Alls geschleudert worden sein. Für einige Tausende oder Millionen Brocken wird die Flucht jedoch etwa auf Höhe des Pluto geendet haben, wo sie heute den sogenannten Kuipergürtel bilden, oder es ging rund 1,5 Lichtjahre hinaus, bis die Gravitationskraft der Sonne sie letztlich doch halten konnte. Als Oort'sche Wolke umschließen sie seitdem schalenförmig als äußerster Posten das Sonnensystem.

Ihr hohes Alter und die Lagerung jenseits aller modifizierenden Wärme und Strahlung machen die Kometen so interessant für die Wissenschaft. Der Urzustand des Planetenmaterials ist hier tiefgefroren konserviert. Und ab und zu gelangt so eine wertvolle Probe durch gravitative Störungen benachbarter Sterne oder der großen Planeten aus dem Bahngleichgewicht und stürzt auf die Sonne zu. Je näher der Komet ihr kommt, umso stärker wird die ungewohnte Wärme. Gefrorene Gase verdampfen und bilden um den Kern herum eine Koma genannte Hülle. Die Teilchen des Sonnenwinds und der Strahlendruck blasen die Gase, Moleküle und Staubteilchen in die sonnenabgewandte Richtung zu einem Schweif. Je näher der Komet der Sonne kommt, umso mehr Material verliert er – und umso mehr Substanzen registrieren die Astronomen auf der Erde.

Und es ist eigentlich alles da, was in eine Fertig-Ursuppe gehört: Aminosäuren für Proteine, Basen für DNA und RNA, Zucker und Fettsäuren liegen in Kometen, Asteroiden, Meteoriten und Staub entweder fix und fertig vor oder zumindest als chemische Vorstufen. Zum Kochen fehlt nur Wasser in flüssiger Form, denn im freien Weltraum ist es wegen der niedrigen Temperaturen fest gefroren und damit als Lösungsmittel und Reaktionsteilnehmer wenig brauchbar. Über flüssiges Wasser verfügte die frühe Erde jedoch in gewaltigen Mengen. Mehr noch: Mischt man die organischen Verbindungen aus Meteoriten mit Wasser, entstehen winzige Hohlkügelchen, die von einer Membran umgeben sind und unter dem Mikroskop erstaunlich an lebende Zellen erinnern. Genau die richtige Umgebung, damit sich die wertvollen Moleküle nicht im gesamten Ur-Ozean verteilten, sondern für die weiteren Reaktionen dicht beieinanderblieben.

Herausragende Kometen

Der **Halley'sche Komet** ist ein treuer Besucher, der alle 76 Jahre an der Erde vorbeikommt. An seinem Beispiel erkannte der Astronom Edmond Halley im Jahr 1705 erstmals das periodische Auftreten von Kometen.

Ein spektakuläres Schauspiel bot **Shoemaker-Levy 9** im Jahr 1994. Beim Vorbeiflug am Jupiter zerriss die Gravitationskraft des Riesenplaneten den Kometen in Stücke, die zwischen dem 16. und 22. Juli machtvoll in die dichte Atmosphäre des Planeten eintauchten.

Einer der hellsten Kometen war **Ikeya-Seki**, der im Oktober 1965 sogar tagsüber neben der Sonne zu sehen war. Er zerbrach jedoch in der Nähe der Sonne in mehrere Stücke, die inzwischen aus unserem Blickfeld verschwunden sind.

Nicht so hell, dafür mit über 18 Monaten mit dem bloßen Auge sehr lange sichtbar war **Hale-Bopp** aus den Jahren 1996 und 1997. Er ist vermutlich der am besten untersuchte Komet bislang.

Das erste Kometenmaterial, das eine Raumsonde zur Erde gebracht hat, stammt von **Wild 2**. Die Mission Stardust hat mit einem Aerogel kleinste Teilchen aus seiner Koma gesammelt.

Tempel 1 heißt der erste Komet, auf den Menschen geschossen haben. Im Rahmen der Mission Deep Impact feuerte die NASA am 4. Juli 2005 (dem US-amerikanischen Unabhängigkeitstag) ein Projektil auf ihn ab und untersuchte die entstehende Staubwolke, um Informationen über das Innere eines Kometen zu sammeln.

UNTERM STRICH

Einfache organische Moleküle, wie sie in lebenden Zellen vorkommen, sind im Weltall weit verbreitet. Anzeichen für die unterschiedlichsten Verbindungen, darunter Aminosäuren und Zucker, haben Wissenschaftler in interstellaren Staubwolken, in den Gashüllen und dem Schweif von Kometen sowie in Meteoriten gefunden. In Kombination mit flüssigem Wasser könnten sie das Ausgangsmaterial für komplexere Strukturen sein. Manche Astrobiologen vermuten darum, dass die Materialien für das Leben mit herabstürzenden Gesteinen auf die Erde gekommen sind – und in fernen Systemen auf andere Planeten niedergehen. Leben könnte dann ein ganz normaler und weit verbreiteter Zustand im Kosmos sein.

Ein Bruchstück des Kometen Shoemaker-Levy 9 stürzt auf die Nachtseite des Jupiter, wobei es kurz hell aufleuchtet. Die Raumsonde Galileo hat diese Bilder am 22. Juli 1994 in Abständen von 2,3 Sekunden geschossen.
NASA/JPL-Caltech

WO SCIENCE IN FICTION ÜBERGEHT

Nicht nur Bruchstücke von Asteroiden und Kometen stürzen auf die Erde ein, gelegentlich erreicht sie auch ein Meteorit, der ursprünglich vom Mond oder dem Mars stammt. Ob umgekehrt auch Splitter der Erde durch den Weltraum reisen, die bei einer heftigen Kollision mit einem großen Himmelskörper aus dem Anziehungsfeld des Planeten geschleudert wurden, ist nicht bekannt. Ebenso wenig, ob bei so einer Gelegenheit winzige Lebensformen mitgerissen werden könnten, auf einen Ritt durch die derben Weiten des Alls. Von der paradiesisch feuchtwarmen Erde in das kalte, trockene und verstrahlte Vakuum. In den sicheren Tod also. Oder?

Vielleicht gibt es einen Bakterienstamm, dem all das unwirtliche All wenig ausmachen würde. *Deinococcus radiodurans* ist darauf spezialisiert, dort zu leben, wo sonst alles stirbt. Er kommt am Nord- und Südpol ebenso vor wie im Kot südamerikanischer Lamas. Sogar in Dosenfleisch, das mit tödlicher Gammastrahlung sterilisiert sein sollte. Tatsächlich waren in den Versuchen, die der US-Amerikaner Arthur Anderson im Jahr 1956 durchführte, als man noch einen recht lockeren Umgang mit gefährlichen Strahlen hegte, alle Mikroorganismen im Fleisch tot – mit Ausnahme einiger rötlicher Bakterien, die sich munter weitervermehrten.

«Die strahlenfeste furchtbare Kugel», wie der wissenschaftliche Name von *Deinococcus radiodurans* übersetzt heißt, widerstand in anschließenden Laborversuchen geradezu unglaublichen Dosen unterschiedlichster Strahlung. Während Ratten bei 6 Gray (Gy) sterben, das Darmbakterium *Escherichia coli* es bis 50 Gy aushält und Herpesviren von 2500 Gy zerstört werden, liegt die tödliche Dosis für *Deinococcus* irgendwo jenseits der 10 000 Gy – tausendmal mehr als bei der Atombombenexplosion von Hiroshima freigesetzt wurde.

Dabei reagiert die DNA von *Deinococcus* genauso empfindlich auf die Strahlung wie das Erbgut aller anderen Zellen: Sie zerbricht in lauter unbrauchbare Stücke. Um dennoch munter weiterleben zu können, hat das Bakterium sich ein mehrstufiges Schutzsystem zugelegt. Die erste Barriere stellt eine besonders dicke Zellwand dar. Ein großer Teil der Strahlung wird hier abgefangen und kann sich an den starken Molekülen dieser Panzerung austoben. Dringt etwas hindurch und spaltet die DNA, so springen sofort Reparaturmechanismen an und beheben den Schaden. Über derartige Spezialtrupps verfügen zwar auch andere Organismen, aber im Gegensatz zu den zwei bis drei Krisenherden, die etwa *Escherichia coli* gleichzeitig versorgen kann, sind es bei *Deinococcus* 500 Reparaturen auf einen Schlag. Als Vorlage dienen ihm entsprechende unversehrte Stellen auf einem weiteren DNA-Strang. Von denen besitzt es immerhin vier, statt eines einzelnen Chromosoms, wie es bei Bakterien üblich ist.

«Conan, das Bakterium» ist offenbar überaus gut gerüstet für den harten Überlebenskampf. Seltsam ist nur … so extrem hart geht es auf der Erde eigentlich gar nicht zu. Selbst die stärkste natürlich strahlende Gegend bringt es nicht einmal auf 0,2 Gy pro Jahr. Im Vergleich mit dieser Herausforderung wirkt die Panzerung von *Deinococcus* wie ein stacheldrahtbewehrter Atombunker zwischen gewöhnlichen Strandburgen. Deshalb haben einige Wissenschaftler vorgeschlagen, dass *Deinococcus* sich vielleicht weniger gegen intensive Strahlung schützt – das ist nur eine praktische Nebenwirkung –, sondern vor allem gegen Austrocknung. Und tatsächlich vermag auch staubtrockene Trockenheit den Mikroorganismus nicht kleinzukriegen.

Und so ein durchtrainierter Defensivkrieger könnte sich überraschend auf einem krümeligen Gesteinsbrocken wiederfinden, der durch das All zieht. Eventuell schützt ihn eine dünne Schmutzschicht vor dem direkten Kontakt mit den Naturgewalten. Ihm wäre wohl ein wenig kalt, aber nicht zu frostig. Er hätte ein bisschen Durst, aber nicht zu schlimm. Und er würde die Strahlung registrieren, aber keine ernsthaften Schäden davontragen. Mit allerlei Tricks und Schlichen, von denen die Wissenschaft noch längst keine Ahnung hat, würde er sich in seinem neuen, ungemütlichen Zuhause einrichten und warten. Jahre. Jahrzehnte. Jahrhunderte. Als erster Abgesandter des Planeten Erde unterwegs, um neue Welten zu besiedeln. Wenn er Glück hat. Leben kann man schließlich überall.

HÖLLISCH NAH AM HIMMELSFEUER

Auf dem Merkur geht es schlimmer zu als im Backofen und in der Gefriertruhe. Wenn Sie auf der sonnenzugewandten Seite das neue Jahr mit dem traditionellen Bleigießen begrüßen wollen, brauchen Sie mit dem Metall einfach nur vor die Tür zu gehen. Bei einer Temperatur von 430 Grad Celsius schmilzt es noch in Ihren Händen. Schnelle Abkühlung verschaffen da allenfalls Eiswürfel aus Kohlendioxid, die Sie auf der Schattenseite des Planeten bei −170 Grad Celsius schnell bekommen – vorausgesetzt, Sie bringen Ihr eigenes Wasser mit und belassen es im Druckbehälter.

Potenzielles Leben auf dem Merkur wäre extrem. So extrem, dass kein Astrobiologe ernsthaft damit rechnet, dort jemals auf Anzeichen für Leben zu stoßen. Auf der anderen Seite: Wir kennen bislang nicht einmal ganz die Hälfte des Planeten. Der kleine Bruder der Erde ist einer der größten Unbekannten im System. Und mit seiner engen Umlaufbahn, die ihn bis zu dreimal näher an die Sonne führt, bietet er ein ideales Studienobjekt für die Bedingungen auf einem Gesteinsplaneten, der höllisch dicht dran an seinem Stern ist. Gäbe es unter diesen Umständen wirklich nicht die kleinste Chance für hartgesottene Lebensformen?

NICHTS FÜR ZARTE GEMÜTER

Dass wir so wenig über den Merkur wissen, hängt unter anderem mit seiner ungünstigen Lage zusammen. Die recht gut untersuchten äußeren Planeten wie Mars, Jupiter und Saturn sind allesamt weiter von der Sonne entfernt als die Erde. Um sie zu erreichen, muss eine Raumsonde gegen deren Gravitationssog ankämpfen. Durch allerlei Schleifen holt sie sich auf verschlungenen Wegen unterwegs bei anderen Planeten Schwung und erreicht so allmählich ihr Ziel. Mit genau dem umgekehrten Problem hat eine Mission zum Merkur zu kämpfen. Diesmal fliegt die Sonde auf die Sonne zu und wird durch deren Gravitation immer schneller und schneller. Ohne ein ausgeklügeltes Bremsmanöver läuft sie Gefahr, am Planeten vorbeizurasen und geradewegs in die Sonne zu schießen.

Nur ein einziger Abgesandter der Erde hat darum bisher den Merkur besucht. Die Raumsonde Mariner 10 flog in den Jahren 1974 und 1975 dreimal an ihm vorbei und hat dabei rund 45 Prozent seiner Oberfläche kartiert. Das vollständige Bild soll dann im Jahr 2011 die NASA-Sonde Messenger liefern, die seit dem 3. August 2004 unterwegs ist. Ein Jahr lang wird Messenger den Planeten auf einer Umlaufbahn umkreisen und gründlich vermessen. Allerdings bestehen wenig Hoffnungen, dabei auf eine gastfreundlichere Gegend zu stoßen, als sie Mariner 10 vorgefunden hat.

Reichlich ähnlich wie der Mond präsentiert sich Merkur dem neugierigen Auge. Eine kraterübersäte Landschaft voll groben Gesteins zeugt von den Einschlägen zahlloser Meteorite. Da es weder Anzeichen für eine Plattentektonik noch für aktiven Vulkanismus gibt, ist der Planet vermutlich innerlich weitgehend erstarrt. Gegen diese Annahme spricht jedoch, dass Mariner 10 ein schwaches Magnetfeld entdeckt hat, das seinen

Der Merkur ähnelt auf diesem Mosaik aus Bildern, die die Raumsonde Mariner 10 geschossen hat, sehr dem Erdmond.
NASA

Ursprung im Planeten zu haben scheint. An der Oberfläche hat es nur etwa ein Prozent der Stärke des Erdmagnetfelds. So viel könnte gewissermaßen aus flüssigeren Zeiten eingefroren sein. Oder es befindet sich doch noch eine Legierung mit niedrigem Schmelzpunkt im Merkurkern. Die Sonde Messenger wird versuchen, Datenmaterial zur Beantwortung dieser Frage zu sammeln.

Für einen magnetischen Schutzschirm vor dem Teilchensturm des Sonnenwinds reicht die Feldstärke jedenfalls nicht aus. Ungebremst prasseln die Protonen, Elektronen und Heliumkerne auf den Merkur ein. Sie bilden zusammen mit geringen Mengen von Sauerstoff, Natrium und Kalium, die vermutlich bei radioaktiven Zerfallsprozessen im Gestein entstehen, eine hauchdünne Fast-Atmosphäre, deren Druck etwa bei einem zehntausendstel Milliardstel des irdischen Luftdrucks liegt. Praktisch ein Nichts, das zudem ständig umgewälzt wird, wenn seine Bestandteile wegen der geringen Schwerkraft und der großen Hitze ins Weltall verschwinden und von neuen Teilchen ersetzt werden.

Den einzigen Lichtblick in dieser planetaren Hölle bieten womöglich kleine Oasen ewigen Schattens. Weil die Rotationsachse des Merkurs beinahe senkrecht auf seiner Bahnebene um die Sonne steht, gibt es an den Polen einige tiefe Krater, in welche niemals ein Lichtstrahl gelangt. Dort wäre es ständig so kalt, dass sich eventuell vorhandenes Wassereis von herabgestürzten Meteoriten seit Urzeiten hätte halten können. Radiowellen, die große Teleskope von der Erde gezielt auf den Merkur gesandt hatten, kamen als entsprechend verändertes Echo zurück. Aber wie schon beim Mond kann bis jetzt niemand mit Sicherheit sagen, ob dies wirklich ein Zeichen für gefrorenes Wasser ist oder vielleicht nur eine Täuschung durch andere Materialien, die ähnlich mit den elektromagnetischen Wellen wechselwirken.

Bei so viel rauer Unwirtlichkeit müsste der Merkur eigentlich absolut steril sein – und vermutlich ist er tatsächlich vollkommen tot. Aber so schnell wollen wir die kleinen Gesteinsplaneten auf sternnahen Bahnen nicht aufgeben. Schließlich gibt es ja nicht nur die Oberfläche als potenzielle Wohnstatt für zähe Lebensformen …

LEBENSRAUM TIEFENGESTEIN

Irgendetwas ging da unten vor sich. So viel wusste der Geologe Edson Bastin von der University of Chicago bereits in den 1920er Jahren mit Sicherheit. Immer wieder stieß er in Grundwasserproben von Erdölfeldern auf Schwefelwasserstoff und Kohlensäure – zwei chemische Verbindungen, die es in Gesteinstiefen von mehreren tausend Metern eigentlich nicht geben

Der Merkur in Zahlen

Mittlerer Durchmesser	4876 km
Masse	$3,3 \cdot 10^{23}$ kg
Mittlere Dichte	5,44 g / cm^3
Fallbeschleunigung	3,71 m / s^2
Hauptelemente	Silizium, Eisen
Atmosphäre	minimal
Dauer für eine Umdrehung	58,7 Tage
Neigung der Drehachse	0,01°
Mittlerer Abstand zur Sonne	58 Millionen km
Dauer für einen Umlauf	88 Tage
Mittlere Umlaufgeschwindigkeit	47,87 km/s

sollte. Kein bekannter chemischer Prozess war in der Lage, die Substanzen unter den dortigen Bedingungen zu produzieren. Es sei denn ... es gäbe mitten im Gestein lebendige Bakterien. Bastin hatte von spezialisierten Mikroorganismen gehört, die bei Abwesenheit von Sauerstoff stattdessen die Schwefelverbindung Sulfat veratmen. Dabei entsteht Schwefelwasserstoff. Und wenn die Zellen als Nahrung die kohlenstoffhaltigen Moleküle der Erdöllager nutzten, würde auch die Kohlensäure als Stoffwechselprodukt anfallen. Der Haken war nur: Es galt als sicheres Allgemeinwissen, dass im Tiefengestein der Erde nichts und niemand am Leben war. Und so stießen Bastin und der Mikrobiologe Frank Geer 1926 auf eine Mauer der Skepsis, als es ihnen gelang, aus den Grundwasserproben tatsächlich sulfatatmende Bakterien zu isolieren und zu züchten. Alles nur Verunreinigungen, die bei den Bohrungen von der Oberfläche in die Proben gelangt waren, lautete das einhellige Urteil. Die Arbeiten der beiden Unterwelt-Biologen verschwanden kurzerhand in den Tiefen der Archive.

Dort schlummerten sie, bis die USA es abermals mit einer

Verschmutzung zu tun hatten. Unter Industriekomplexen und Militäranlagen waren zahlreiche Kontaminationen des tiefen Grundwassers festgestellt worden. Auf konventionellem Wege wäre es so gut wie unmöglich, den durchgesickerten Dreck wieder aus dem Boden zu entfernen. Viel einfacher könnte es werden, wenn man kleine Helfer vor Ort dazu bewegen könnte, sich an der Sanierung aktiv zu beteiligen. Außerdem hatte man während des Kalten Krieges nukleare Abfälle kurzerhand im Untergrund zwischengelagert, für die nun händeringend nach einer dauerhaften Deponie gesucht wurde. Einem Endlager aber könnten potenziell aggressive Bakterien womöglich einen Strich durch die Rechnung machen. Plötzlich war die Entdeckung Bastins brandaktuell, und an verschiedenen Stellen trieben Teams kilometerlange Bohrer mit raffinierten Schutzmechanismen vor eindringenden Oberflächenmikroben in den Boden.

Und wirklich stießen sie in Tiefen von bis zu 4 Kilometern immer wieder auf Leben. Mehrere tausend Mikroorganismen haben Wissenschaftler seit den 1990er Jahren gesammelt. Sie lassen sich nach ihren Lebensräumen grob in zwei große Gruppen einteilen:

➤ In Sedimentgesteinen harren Bakterien aus, die mit den Resten abgestorbener Pflanzen abgesackt sind und nun langsam von diesem kümmerlichen Vorrat zehren. Kleine Poren im Gestein lassen ihnen wenig Raum, und das Angebot an verwertbaren Substanzen ist spärlich. So bleibt den Zellen nur eine Strategie: alle Systeme fast auf null herabfahren und abwarten. Wenn es sein muss, unvorstellbar lange. In einigen Fällen schätzen Forscher, dass die gefundenen Bakterien seit 80 bis 160 Millionen Jahren im Gestein festsaßen. Das Letzte, was sie von der Oberfläche mitbekommen haben könnten, mag ein Dinosaurierfuß gewesen sein, der sie in den Schlamm getrampelt hat.

► Besser an die Tiefe angepasst sind Bakterien, die in Lavage-steinen wie Basalt oder in Graniten gefunden wurden. Zwar tickt auch ihre Uhr des Lebens sehr langsam, aber sie sind völlig unabhängig von der Oberfläche. Ihre Energiequelle ist nicht das Sonnenlicht, sondern das Gestein selbst. Das sauerstoffarme Wasser ihrer Umgebung reagiert chemisch mit eisenhaltigen Mineralien und setzt dabei Wasserstoff-gas frei. Das kombinieren die Zellen mit ebenfalls aus dem Stein stammendem Kohlenstoffdioxid zu Methan und kom-plexeren Molekülen, die sie für ihren Stoffwechsel und ihr Wachstum benötigen. Sogar für weitere Bakteriensorten, die nicht zu solchen biochemischen Kunststückchen fähig sind, fällt noch genug ab. Ein grundsätzlich eigenständiges Bio-top, das Wissenschaftler in Anlehnung an das englische Wort für «Schlamm» *SLIME* nennen (*Subsurface Lithoautotrophic Microbial Ecosystem*, etwa: unterirdisches steinfressendes mi-krobielles Ökosystem).

Noch ist relativ wenig bekannt über die Lebensgemeinschaften weit unter unseren Füßen. Ersten Schätzungen zufolge könnte dort aber ebenso viel Biomasse existieren wie auf der Oberflä-che – oder sogar mehr. Eine Grenze setzt vor allem die mit zu-nehmender Tiefe steigende Temperatur. Hitze macht den Ge-steinsbakterien zwar wenig aus, aber sobald das Wasser kocht, müssen auch sie sterben. Doch so weit ist es bei dem hohen Druck in der Tiefe erst nach mehreren Kilometern. Das schafft jede Menge Platz für genügsame Einzeller.

Die dunklen Gefilde der tiefen Gesteine sind somit durchaus geeignet, um einfache Lebensformen geschützt vor dem rauen Klima an der Oberfläche zu ernähren und zu erhalten. Soll-te es auf dem Merkur einst eine Phase gegeben haben, in der sich lebende Zellen bilden konnten, wäre nicht ausgeschlossen, dass sie sich in tiefere Stockwerke gerettet haben, als es oben zu ungemütlich wurde. Alles, was sie bräuchten, wären Wasser und die passende Kombination von Mineralien. Beides könnte eventuell in einigen Kilometern Tiefe sicher vor der Sonne schlummern und seinem ganz eigenen Slime als Nahrung dienen. Endgültig von der Liste belebter Welten sollten wir die sternnahen Gesteinsplaneten besser noch nicht streichen.

UNTERM STRICH

Aus irdischer Sicht sind die Verhältnisse auf dem Merkur wegen der großen Nähe zur Sonne extrem lebensfeindlich. Allenfalls unter einer schützenden Gesteinsschicht könnte sich ein Leben auf Sparflamme halten. Die Chancen dafür sind jedoch nicht hoch. Zumindest für Leben nach dem Vorbild der Erde wäre flüssiges Wasser notwendig, für das es jedoch auch unter der Oberfläche bislang keine Anzeichen gibt. Eine endgültige Aussage über die Wahrscheinlichkeit von Leben ist jedoch auf Grundlage der wenigen Daten über den Merkur derzeit nicht möglich.

WO SCIENCE IN FICTION ÜBERGEHT

Es könnte durchaus sein, dass in ferner Zukunft, wenn die interessanteren Planeten längst mit Siedlungen für Erlebnistouristen bebaut sind und anfangen, langweilig zu werden, die ersten wagemutigen Pioniere den zuvor vernachlässigten Merkur besuchen. Unter annähernd vollständig reflektierenden Schutzscheiben werden sie entspannt sonnenbaden und Tag für Tag

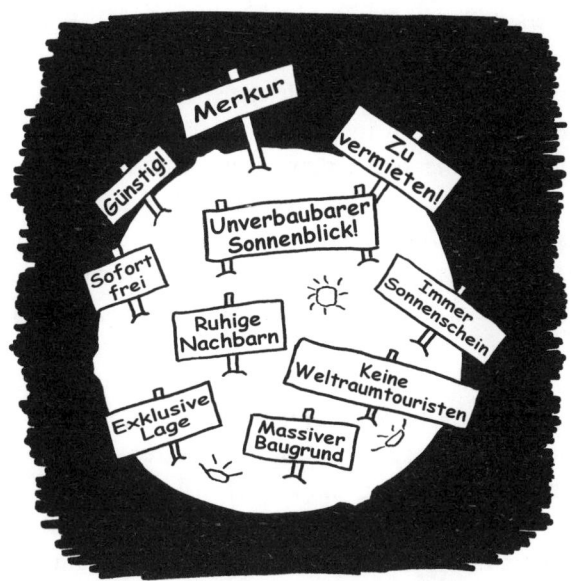

Einige Zeichen weisen darauf hin, dass es auf dem Merkur zurzeit kein Leben gibt.

die Gerölllandschaft um ihren Raumkreuzer vor Augen haben. Immer der gleiche Anblick. Genau gleich, denn Beben, Regen oder Wind gibt es ja nicht auf dem Planeten. Doch halt! Genau gleich? Lag dieser Felsen nicht vor einer Woche noch einen knappen Meter weiter links? Und der dort ein Stückchen näher?

Eintönige 430 Grad können die Sinne verwirren, aber sie machen auch Lust auf Abwechslung. Und sofern die Urlauber außerhalb der Ferienzeit zufällig Wissenschaftler sein sollten, gehen sie vielleicht dem Rätsel der wandernden Steine nach. Nur aus Spaß natürlich. Kann ja niemand wissen, dass die Neugierde ihnen die größte Entdeckung des Jahrtausends bescheren wird.

Denn die Steine bewegen sich tatsächlich. In einer eilig frei geräumten Plastikwanne (auch die Zukunft hält keinen besseren Sammelbehälter für unsortierten Krimskrams bereit) legen sie bis zu zehn Zentimeter in einem Erdentag zurück. Und die Zeitrafferaufnahme der Überwachungskamera offenbart eindeutig Relativbewegungen verschiedener Farbmarkierungen an der Gesteinsoberfläche. Ein Fall für das Geologenhämmerchen. Ein paar beherzte Schläge – der Stein zerfällt in zwei Hälften, und eine zähe Flüssigkeit fließt aus. Wenige Milliliter nur, aber Flüssigkeit hat laut Lehrbuch in einem Merkurstein absolut nichts zu suchen. Schnell eine Probe unter das Mikroskop, ein paar Dünnschliffe, ein wenig Chemie … und dann steht es fest: Die Erdlinge haben soeben ihren ersten Mord an einem Merkurbewohner begangen.

In der prallen Sonne des innersten Planeten steht das Leben unter ganz anderen Zwängen als auf der gemäßigten Erde. Flexibilität, wie sie der Kohlenstoff bietet, hat hier wenig Wert. Dauerhaftigkeit und Widerstandskraft sind gefragt. Also hat sich die Natur das Element Silizium als Basis für ihre biologischen Experimente gewählt. Aus Silizium hat sie Lebensformen erschaffen, deren Hauptsorge es ist, das bisschen Feuchtigkeit, das ihnen zur Verfügung steht, gegen die Sonnenstrahlung zu schützen. Mit dicken Hüllen und noch dickeren Panzerungen, die für menschliche Augen nach totem Stein aussehen. Strenger Schutz bedeutet automatisch stark gedrosselten Austausch mit der Umgebung. Energie liefert die Sonne im totalen Überfluss, und Baustoff für das Wachstum liegt überall herum. Doch es muss durch unzählige Schleusen und Schotte, bevor es in den aktiven Bereich des Lebens gerät. Und so läuft alles sehr langsam ab für die Merkurbewohner. Zeit hat für sie keine Bedeutung – Flüssigkeit ist alles. Aber das können schnelle Wesen von der feuchten Erde wohl erst verstehen, nachdem sie mit dem Hammer zugelangt haben.

DIE ÄTZENDE SCHWESTER

Wenn es außer der Erde noch einen weiteren belebten Planeten im Sonnensystem gibt, so meinte man bis in die 1960er Jahre, dann die Venus. Der Morgen- und Abend«stern» ähnelt unserer Erde so sehr, dass er vielfach als ihr Zwilling angesehen wird. Die Venus ist fast genauso groß und schwer wie die Erde, sie bewegt sich auf einer Bahn am Rande der habitablen Zone und verfügt über eine dichte Atmosphäre, von der die Wissenschaft bereits seit dem 19. Jahrhundert wusste. Zwar ist die Wolkendecke etwas dick und versperrt mit stoischer Permanenz den Blick auf die Oberfläche, doch schlechtes Wetter sollte kein ernsthafter Hinderungsgrund für eine erfolgreiche Evolution sein. Und schließlich ist doch allgemein bekannt: Wenn sich ein Zwilling mit etwas ansteckt, ist garantiert auch der andere infiziert.

VOLLER DRUCK UND ÄTZENDE SÄURE

Je genauer der forschende Blick auf die Venus wurde, umso gedämpfter geriet die freudige Erwartungshaltung. Die spektroskopische Untersuchung des reflektierten Sonnenlichts ließ jedes Anzeichen von Wasserdampf vermissen. Dafür gab es anscheinend gewaltige Mengen Kohlenstoffdioxid in der At-

Die Venus in Zahlen

Mittlerer Durchmesser	12 104 km
Masse	$4{,}87 \cdot 10^{24}$ kg
Mittlere Dichte	5,24 g/cm^3
Fallbeschleunigung	8,87 m/s^2
Hauptelemente	unbekannt
Atmosphäre	sehr dicht; 92 bar; 96,5 % Kohlenstoffdioxid, 3,5 % Stickstoff, Spuren von Schwefeldioxid, Argon, Wasser, Kohlenstoffmonoxid, Helium und Neon
Dauer für eine Umdrehung	243 Tage 27 Min.
Neigung der Drehachse	177,36°
Mittlerer Abstand zur Sonne	108,21 Millionen km
Dauer für einen Umlauf	224,7 Tage
Mittlere Umlaufgeschwindigkeit	35 km/s

mosphäre. Wenn diese Teleskop-Beobachtungen zutreffen sollten, dann würde potenzielles Leben auf der Venus mit gänzlich anderen Bedingungen konfrontiert sein als auf der Erde. Verlässliche Angaben konnten aber nur Messungen direkt vor Ort liefern. Es war Zeit, dem wolkenreichen Zwilling ein paar neugierige Raumsonden zu schicken.

Enttäuscht und zerquetscht. Wie in der Frühzeit der Raumfahrt üblich, begannen die Besuche bei der Venus mit einer Reihe west-östlicher Fehlschläge. Die Sowjetunion versuchte sich mit ständig verbesserten Venera (russisch für «Venus»)-Missionen, während die USA einige Mariner-Sonden zur Venus schickten. Den Wettlauf gewann im Dezember 1962 Mariner 2, die trotz ständiger Ausfälle bei ihrem Vorbeiflug in fast 35 000 Kilometern Entfernung einige Daten gewinnen und zur Erde funken konnte. Damit hatte kaum noch jemand gerechnet, da die Sonde unterwegs Treibstoff verloren hatte, ein Solarpanel ausgefallen war und weitere Pannen die Mannschaft am Boden ordentlich ins Schwitzen brachten. Als ausgerechnet zum richtigen Zeitpunkt dann doch alle Instrumente funktionierten, taufte man bei der NASA spaßeshalber das *Jet Propulsion Laboratory* (JPL, etwa: «Labor für Raketenantrieb») um in *Just Plenty of Luck* («Einfach eine Menge Glück»).

Was Mariner von der Venus zu berichten hatte, brachte die Wissenschaftler hingegen weniger zum Jubeln. Nicht nur, dass die Atmosphäre offenbar wirklich fast nur aus Kohlenstoffdioxid bestand, es war mit 425 Grad Celsius auch unerträglich heiß auf dem Planeten. Schlagartig sank das Interesse der Amerikaner an diesem missratenen Zwilling. Leben war nach ihrer Ansicht hier nicht zu erwarten und wissenschaftliche Neugier nicht lohnend genug, um weiteres Geld in die Erkundung der Venus zu stecken. Stattdessen konzentrierte man sich weitgehend auf den Mars und bedachte die Venus nur noch gelegentlich mit einzelnen Sonden.

Nicht so die Sowjetunion. Sie blieb der Venus treu und landete mit Venera 4 am 18. Oktober 1967 ihren ersten Erfolg. Die Sonde drang direkt in die Atmosphäre ein und sandte anderthalb Stunden lang eifrig Daten – bis sie in 25 Kilometern Höhe bei einem Druck von 18 bar regelrecht im Flug zerquetscht wurde. Die Ingenieure werden schwer geschluckt haben beim Anblick dieser Daten, immerhin lag dieser Druck bereits dreimal so hoch wie in einem Lkw-Reifen. Also panzerten sie Venera 5 für 27 bar – zu wenig. Genau wie bei der Schwestersonde Venera 6, die es immerhin bis auf zwölf Kilometer an die Oberfläche schaffte, bevor sie den dort herrschenden 50 bar nachgeben musste. Erst Venera 7 erreichte dick gepanzert den Boden und übermittelte 23 Minuten lang schier unglaubliche Werte: Der Druck beträgt demnach auf der Oberfläche der Venus 90 bar, und die Temperatur liegt bei 475 Grad Celsius.

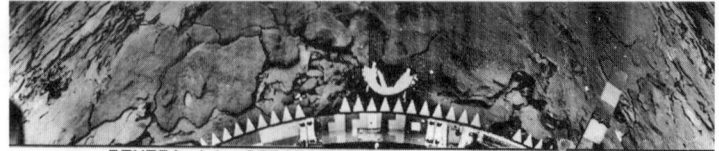

ВЕНЕРА-14 ОБРАБОТКА ИППИ АН СССР И ЦДКС

Die sowjetische Raumsonde Venera 14, die am 5. März 1982 auf der Venusoberfläche landete, fand eine trostlose Wüste oxidierter Gesteine vor.
NASA

Wer auf der Erde 90 bar erleben will, muss in die Tiefe gehen. Am besten mit einem speziellen Tauchboot, denn diesen Druck entwickelt erst eine Wassersäule von 900 Metern. Dazu kommt dann noch mehr als die doppelte Hitze eines haushaltsüblichen Backofens, sodass Blei im Nu dahinschmilzt. Obwohl die Venus rund doppelt so weit von der Sonne entfernt ist wie der Merkur, steigt das Thermometer auf ihr 40 bis 50 Grad höher. Und schuld daran ist ihre dicke Atmosphäre.

Eine Atmosphäre der Extreme. Auch die Ergebnisse der nachfolgenden sowjetischen, amerikanischen und europäischen Sonden machen Astrobiologen kaum Mut. Tagsüber erreichen nur wenige Sonnenstrahlen die Oberfläche, sodass es nicht heller wird als an trüben Tagen auf der Erde. In der Nacht jedoch verbreitet das heiße Gestein ein schwaches dunkelrotes Glühen. Kühler wird es während des gespenstigen Halbdunkels so gut wie nicht. Die dicke Kohlenstoffdioxid-Atmosphäre speichert die Wärme und verhindert, dass ein wenig davon in das Weltall abgestrahlt wird. Ein Treibhauseffekt, der auch die Eigenwärme aus dem Inneren der Venus staut und dafür sorgt, dass die Temperatur in Bodennähe nie unter 440 Grad fällt. Ein klein wenig «frischer» wird es nur auf den höchsten Punkten der bis zu elf Kilometer hohen Gebirge: 380 Grad bei einem Druck, der immerhin auf die Hälfte gesunken ist.

Noch weiter oben – im Bereich zwischen 50 und 70 Kilometern Höhe – ist die dreigeteilte Zone der Venuswolken. Zu drei Vierteln bestehen sie aus Tröpfchen von Schwefelsäure. Ein richtiger Schwefelkreislauf hat sich hier etabliert: In den oberen Lagen, wo moderate 13 Grad Celsius herrschen, werden die Tröpfchen bis zu zwei Millimeter groß und sinken als Säureregen ab. Noch bevor sie aber die untere Grenze der Wolken erreichen, verdampfen sie in der dortigen Hitze wieder und spalten sich auf in Schwefeldioxid, Wasserdampf, Sauerstoff und sogar elementaren Schwefel. Jede Unterschicht hat hier ihr eigenes dynamisches chemisches Gleichgewicht, in dem Substanzen nebeneinander vorliegen, die eigentlich heftig miteinander reagieren sollten, sodass irdische Chemiker schon beim Hinsehen heftige Kopfschmerzen bekommen. Je weiter die Gase aber aufsteigen, umso mehr verbinden sie sich wieder zur Schwefelsäure, womit sich der Zyklus schließt und sich die Gesichtszüge der Chemiker wieder entspannen können.

Die dicke Luft der Venus birgt aber auch für Physiker noch manche Geheimnisse. So lädt sich die Atmosphäre elektrisch stark auf, und entsprechend häufig sind heftige Entladungen. Bis zu 25 Blitze pro Sekunde können auf eine einzige Landesonde einprasseln – eine beachtliche Zahl, wenn wir es mit den rund 100 Blitzen vergleichen, die in jeder Sekunde auf der Erde einschlagen, auf dem gesamten Planeten, wohlgemerkt. Allerdings sehen Venusblitze anscheinend anders aus als ihre irdischen Kollegen. Als die Saturnsonde Cassini in den Jahren 1998 und 1999 nämlich beim Schwungholen für die weite Reise zum Ringplaneten ihre Antennen auf Venus und Erde richtete, registrierte sie an unserem Himmel reichlich Radiosignale, wie sie als Nebenerscheinung von Blitzen auftreten. In der Venusatmosphäre blieb es hingegen scheinbar ruhig. Falls es dort also zu Entladungen gekommen sein sollte, dann folgen sie wohl einem anderen Schema, als wir es gewohnt sind.

Noch aus einer anderen Quelle gelangen geladene Teilchen in den Gasmantel der Venus: von der Sonne. Da der Planet für eine Drehung um 360 Grad volle 243 Tage benötigt und somit unsäglich langsam um die eigene Achse rotiert, vermag sein Nickel-Eisen-Kern keinen ordentlichen Dynamo-Effekt aufzubauen, und die Venus erzeugt praktisch kein inneres Magnetfeld. Der Sonnenwind kann darum weitgehend ungehindert in die Atmosphäre eindringen, in deren äußeren Schichten sich dann durch Wechselwirkungen mit den dort vorhandenen Atomen und Molekülen doch ein schwaches Magnetfeld von etwa einem Zehntausendstel des irdischen Feldes aufbaut. Trotzdem gelangen kaum Sonnenteilchen bis zum Boden – die dicke Atmosphäre puffert sie unterwegs einfach weg.

Die verrückten Drehungen der Venus

Auf der Venus ist anscheinend alles anders – das fällt besonders bei ihren Drehungen auf. Während die meisten Planeten und Monde sich in die gleiche Richtung um ihre eigene Achse drehen, wie sie um die Sonne laufen (prograd oder rechtläufig), rotiert die Venus anders herum (retrograd oder rückläufig). Deshalb geht auf der Venus die Sonne im Westen auf und im Osten unter. Weil sie dabei auch noch sehr langsam ist, dauert ein Venustag «nur» knapp 117 Tage, obwohl der Planet dann noch keine volle 360-Grad-Drehung geschafft hat, für die er

243 Tage benötigt. Der Grund für dieses seltsame Verhalten ist noch unbekannt. Diskutiert werden eine Kollision mit einem großen Himmelskörper sowie Resonanzerscheinungen im Wechselspiel mit der Gravitation von Sonne und Erde.

Gemächliches Brodeln in der Tiefe. So richtig herzlich heißt die Venus etwaige Besucher also nicht willkommen. Darum sind die meisten Raumsonden auch lieber auf sicherem Abstand geblieben und haben den Planeten aus der Ferne vermessen. Mit Radar zum Beispiel, dessen Wellen problemlos durch den optisch undurchdringlichen Wolkenschleier gelangen. Besonders Pioneer Venus 1 und Magellan, beide von der NASA, haben sich mit hoch aufgelösten Karten hervorgetan.

Darauf ist zu sehen, dass erstaunlich wenig zu sehen ist. Vier Fünftel der Oberfläche sind flache oder sanft gewellte Ebenen, nicht einmal zehn Prozent erheben sich mehr als anderthalb Kilometer. Nur vereinzelt gibt es richtige Gebirge und Schluchten. Selbst die Zahl der Einschlagskrater liegt mit rund 900 auf dem gesamten Planeten außergewöhnlich niedrig. Am erstaunlichsten ist jedoch, dass keine der Strukturen älter als etwa 700 Millionen Jahre zu sein scheint. Alles deutet darauf hin, dass irgendein Prozess damals die gesamte Venuslandschaft mit einem vulkanischen Radierer ausgemerzt und glattgestrichen hat.

Wie genau dieser Warmstart verlaufen sein könnte, ist nicht bekannt. Einige Wissenschaftler glauben, dass die starre Lithosphäre der Venus zu dick ist, um kleine ausgleichende Prozesse wie Plattentektonik und Vulkanausbrüche zuzulassen, mit denen die Wärmeenergie allmählich entweichen könnte. Stattdessen durchbrechen die aufgestauten Kräfte aus dem Inneren irgendwann mit Macht die einengende Hülle und fluten die Oberfläche mit kilometerdicken Strömen von Lava. Andere

Forscher vermuten, dass auf der Venus seit ihrer Entstehung ein heftiger Vulkanismus herrschte, der ständig alles überdeckte und nur langsam zur Ruhe kam, bis er vor 700 Millionen Jahren schließlich ganz nachließ.

Welche Hypothese auch zutreffen mag, auf jeden Fall hat die Venus in ihrer Vergangenheit nicht gegeizt mit Vulkanausbrüchen. Davon zeugt schon der hohe Schwefelgehalt in der Atmosphäre. Ist sie aber mit Druck und Säure auch endgültig unbewohnbar geworden für Lebensformen jeder Art? Oder gäbe es vielleicht sogar auf der Erde biologische Extremisten, die sich mit den besonderen Umständen auf Treibhausplaneten wie der Venus arrangieren könnten?

LEBEN UNTER SAUREM DRUCK

Zusammengedrückt wie leere Getränkedosen werden die frühen Venera-Sonden auf die Venus gefallen sein. Die 90 bar Druck am Boden entsprechen einer Belastung von 90 Kilogramm pro Quadratzentimeter oder 900 Tonnen auf jeden Quadratmeter oder – vielleicht einfacher vorzustellen – 3 großen afrikanischen Elefantenbullen, die auf Ihrem Fuß stehen. Eine graue Säule, die fast 10 Meter in die Höhe ragt und zu der Ihr Fuß mit Sicherheit keinen einzigen Millimeter mehr beitragen würde. Mal ehrlich: Unter solchem Druck ist doch jeder platt, oder?

Dem Druck nachgeben. Ganz ehrlich: Nein! Es gibt eine erkleckliche Anzahl von Lebewesen, die spielend mit noch weit größerem Druck fertig werden. In der Tiefsee unserer irdischen Meere, wo kilometerdicke Wassermassen unvorsichtige

«Wohnen möchte ich nicht auf der Venus. Aber grillen kann man dort prima.»

U-Boote ebenso zerquetschen wie die Venus-Sonden. Ausgerechnet hier haben zierliche Organismen ihr Zuhause, die entgegen allen Erwartungen keine dicken Schalen, mehrfache Panzerungen und starke Hüllen aufweisen. Ganz im Gegenteil: Das Geheimnis des Überlebens unter hohem Druck liegt vielmehr darin, keinen Widerstand zu leisten, sondern den Druck aufzunehmen und Teil der Umgebung zu werden. Denn das Problem der Sonden und U-Boote (und Ihres Fußes) ist weniger der absolute Druck, sondern der Druckunterschied. Wenn energische 90 bar von außen auf läppische 1 bar von innen treffen, gibt das natürlich gefaltetes Blech. So lange, bis sich ein Riss auftut, Venus-Atmosphäre oder Wasser eindringt und endlich überall die 90 bar herrschen. Für uns Menschen wäre so etwas natürlich wenig erfreulich, aber selbst die Allerweltsbakterien auf unserer Haut und in unserem Darm haben keine Probleme mit Drücken von 200 bis 300 bar – ein Vielfaches des Werts an der Oberfläche der Venus. Sie nehmen einfach etwas Wasser auf, und schon sind sie «barotolerant».

Falls es sein muss, können die Mikroorganismen vielleicht sogar für gewisse Zeit mit noch weit größerem Druck umgehen. In einer Diamant-Stempel-Zelle, mit der normalerweise Geophysiker die Verhältnisse im Inneren von Planeten simulieren, ließen Biologen Kolonien der Bakterien *Shewanella oneidensis* und *Escherichia coli* für 30 Stunden bei 16 000 bar ausharren – so viel wie 50 Kilometer unter der Erdoberfläche oder in gedachten 160 Kilometern Wassertiefe. Eingezwängt zwischen den Edelsteinbacken des Apparats überstand etwa ein Prozent der Zellen die Tortur – obwohl die beiden Bakterienstämme keineswegs für derartige Belastungen ausgelegt sind.

Für ein dauerhaft gepresstes Leben nehmen wirklich «barophile», also druckliebende, Organismen einige Änderungen an ihrem Zellbau vor. Vor allem ihre Hüllen machen sie mit ungesättigten Fettsäuren etwas steifer und zäher. Im Marianengraben, mit 10 898 Metern die tiefste Stelle der Weltmeere, haben japanische Wissenschaftler derartig angepasste Bakterien gefunden, die sich am wohlsten bei 700 bis 800 bar fühlten, unterhalb von 500 bar jedoch nicht mehr wachsen konnten. Sogar einzellige Tiere fanden die Forscher im Sediment des Grabens: braune, röhrenförmige Kammerlinge (Foraminiferen), die anders als ihre Verwandten in weniger tiefen Gewässern keine harte Kalkschale haben. Mit etwa 45 Tieren pro Quadratzentimeter demonstrierten sie eindeutig, dass Druck alleine nicht ausreicht, um das Leben aus einem Gebiet zu vertreiben.

Lebensraum mit heißer Quelle. Wenn wir schon auf den Spuren der Biologie unter den Meeren sind, können wir uns gleich an die Fersen von Alvin heften. Dieses Tauchboot hatte im Januar 1977 nördlich der Galapagosinseln in 2600 Metern Tiefe einen seltsamen neuen Mikrokosmos entdeckt. Mitten im öden «Nichts» erhob sich vor den Augen der staunenden Wissenschaftler plötzlich eine Oase mit meterlangen Röhrenwürmern, ungewöhnlich großen Muscheln, augenlosen Spinnenkrabben und – selbstverständlich – unzähligen Bakterien. Fernab von jeglichem Sonnenlicht scharte sich dort das Leben um hydrothermale Quellen, an denen mineralreiches, bis zu 400 Grad heißes Wasser aus dem Untergrund tritt und auf den zwei Grad kalten Ozean trifft. Trotz seiner hohen Temperatur kocht das Wasser wegen des hohen Drucks am Meeresboden nicht. Wo Heiß und Kalt aufeinanderprallen, fallen Metallsulfide aus und türmen sich zu dunklen Schornsteinen, den «Schwarzen Rauchern».

Was nicht schnell als Baumaterial zum Turmbau beiträgt, nutzen Bakterien als Energiequelle. Vor allem Schwefelwasserstoff setzen sie in einem Chemosynthese genannten Prozess um, der im ewigen Dunkel die Photosynthese der Pflanzen an Land ersetzt. Viele der Bakterien leben frei im Wasser oder in flockigen und mattenartigen Gemeinschaften. Manche haben sich aber mit den Röhrenwürmern zusammengetan. Sie besiedeln im Körper der Tiere ein spezielles Gewebe. Der Wurm versorgt die Mikroorganismen mit den chemischen Verbindungen des Wassers und verhindert, dass sie einfach fortgespült werden. Im Gegenzug geben die Bakterien etwas von den Nähr- und Baustoffen ab, die sie aus dem Schwefelwasserstoff und Kohlenstoffdioxid synthetisiert haben. Die Symbiose macht für den Wurm jeglichen Verdauungsapparat überflüssig – und so ist er vermutlich das einzige Tier der Erde, das zeit seines Lebens weder eine Mundöffnung noch einen After besitzt.

Die Wohnlage so dicht am Schornstein birgt Risiken. Das kalte Meerwasser sorgt zwar dafür, dass bereits in wenigen Zentimetern Abstand die Temperatur knapp über dem Gefrierpunkt liegt. Aber das beste Mineralangebot herrscht dicht an dem heißen Wasserstrahl. Und so haben sich einige Bakterien hitzefeste Proteine mit zusätzlichen internen Bindungen sowie längere Fettsäuren für ihre Zellhülle zugelegt. Damit überstehen die sogenannten «Hyperthermophilen» bis zu 113 Grad Celsius, leben am besten bei 90 bis 105 Grad und können sich vielfach unter 80 Grad nicht mehr fortpflanzen.

Dank relativ weniger biochemischer Veränderungen sind Bakterienstämme wie *Pyrococcus furiosus* und *Pyrodictium occultum* einseitige Spezialisten für die drückende Hitze geworden. Doch diese Anpassung dürfte nach unserem heutigen Wissen bei etwa 150 Grad Celsius eine obere Grenze haben. Wird es heißer, kann kein molekularer Trick mehr den Zerfall der DNA und anderer Bestandteile der Zelle verhindern. Auf der Erde mögen die Hyperthermophilen deshalb heiße Typen sein, auf der Venus wären sie hingegen ohne Schutzpanzer ein Häuflein Asche.

Sauer macht munter. Die Venus hat aber noch mehr zu bieten, nämlich beißende Schwefelsäure. Chemiker stufen das Saure von Flüssigkeiten mit einer besonderen Skala ein, die ihre neutrale Mitte bei einem pH-Wert von 7 hat. Unterhalb dieser Marke wird es sauer, darüber alkalisch. Reines Wasser finden wir hier bei knapp pH 7, Seifenlösung im Bereich von pH 10 und Bleichmittel bei pH 12,5. Auf der anderen Seite liegt Orangensaft um pH 3,5, Haushaltsessig bei pH 2,5, und Magensäure hält mit pH 1–2 die meisten Bakterien fern.

Die meisten, denn selbstverständlich haben sich mal wieder einige Einzeller Lebensräume ausgesucht, für die vernünftige

Durchschnittsorganismen allenfalls ein Naserümpfen übrig haben. So wachsen Rotalgen der Art *Cyanidium caldarium* und Grünalgen vom Typ *Dunaliella acidophila* ungerührt bei supersaurem pH unter 1, und die Pilze *Acontium cylatium* sowie *Trichosporon cerebriae* nähern sich sogar pH 0. Den Rekord halten aber Bakterien aus der Gruppe *Picrophilaceae*, die bis in den negativen Bereich wachsen, in dem nur noch sehr starke Säuren anzutreffen sind.

Am verrücktesten treiben es wohl Bakterien wie *Ferroplasma* und *Thiobacillus ferrooxidans*, die in sauren Erzminen leben, wie sie beispielsweise in den USA anzutreffen sind. Dort liegen Metalle im Boden nicht in Verbindungen mit Sauerstoff vor, sondern mit Schwefel als Sulfide. Die Bakterien verwandeln diese schwer löslichen Sulfide in gut lösliche Metallionen und überführen den Schwefel dabei in ... Schwefelsäure.

Mit Säure kommen irdische «Acidophile» also gut zurecht – solange das Saure außerhalb der Zelle bleibt. Darum wappnen sie ihre Hüllen gegen chemische Angriffe mit schützenden Fettsäuren, Puffermolekülen und Pumpen, die wieder hinausschaffen, was irgendwie den Weg nach drinnen gefunden hat. Auf diese Weise gelingt es ihnen, eingepackt in ihren persönlichen chemischen Schutzanzug, selbst in tödlichen Säuretümpeln einen annähernd neutralen pH-Wert im Zellinneren zu wahren.

Im Zusammenspiel von Druck, Hitze und Säure auf der Venus würde demnach einzig die Hitze dem Leben ernsthafte Probleme bereiten. Aber die herrscht vor allem am Boden, während es in 50 Kilometern Höhe und mehr kuschelig kühl ist. Könnte nicht dort vielleicht ...?

Bakterien auf sauren Wolken? Relativ einsam, dafür umso medienwirksamer verkündet der Astrobiologe Dirk Schulze-Makuch seine Idee vom Leben in den Venus-Wolken. Er stützt sich dabei auf die Messergebnisse der Venera- und Pioneer-Venus-Sonden, die zwar keinerlei Spuren von Organismen entdeckt, wenigstens aber einige chemische Ungereimtheiten festgestellt haben.

So sollte die ultraviolette Strahlung in den Wolken mehr Kohlenstoffmonoxid produzieren, als die Sensoren angezeigt haben. Das Nebeneinander von Schwefelwasserstoff und Schwefeldioxid, die in irdischen Labors schnell miteinander reagieren, vor allem aber die Anwesenheit von Carbonylsulfid sind nach Schulze-Makuch nur schwer ohne den Einfluss von Mikroben zu erklären. Um diese handelt es sich in seinen Augen auch bei den kleinen, unregelmäßig geformten Teilchen, die in den unteren Wolkenschichten vorkommen.

Offene Fragen also, mit denen die ungewohnte Chemie der Venus uns konfrontiert. Doch als Basis für schwebende Bakterien, die in den trockenen Schwefelsäure-Wolken auf unbekannte Weise ihr Dasein fristen, ist das etwas dürftig. Zumal die Anzahl der ungelösten Rätsel bei dieser Hypothese erst so richtig nach oben schnellt. Was machen die Zellen ohne Wasser? Wie gelangen sie an Nährstoffe, die nicht in den Wolken vorhanden sind? Und wo kommen sie eigentlich her? Eine Handvoll abgedrehter, aber unbelebter chemischer Reaktionen, die auf der Erde vielleicht unvorstellbar, unter den besonderen Bedingungen der Venus jedoch völlig normal sind, wäre wahrscheinlich die naheliegendere und wissenschaftlich befriedigendere Lösung für die seltsamen Messergebnisse. Ausschließen kann man die Wolkenbakterien derzeit nicht, aber überzeugende Lebenssignale haben wir auch noch nicht gefunden.

SCHNELLE ANTWORTEN VOM VENUS EXPRESS

Was wirklich abläuft in der Venus-Atmosphäre, soll die Sonde Venus Express der Europäischen Weltraumorganisation ESA herausfinden. Sie befindet sich seit dem 11. April 2006 in einer elliptischen Umlaufbahn um den Planeten und soll ihn für vorläufig 486 Erdtage (entspricht zwei Venustagen) genauestens untersuchen. Allerdings nur aus der Ferne von 250 bis 66000 Kilometern, eine Landung ist nicht vorgesehen.

Für diese Aufgabe hat Venus Express sieben Instrumente:

- Der *Analyzer of Space Plasmas and Energetic Atoms* (ASPERA) vermisst den Sonnenwind und seinen Einfluss auf die obere Atmospäre.

- Das *Venus Express Magnetometer* (MAG) erforscht das schwache Magnetfeld.

- Mit dem *Venus Express Radio Science* (VERA) sendet die Sonde Radiowellen durch die Venus-Atmosphäre hindurch zur Erde, wo die dabei entstehenden Störungen und Verzerrungen ausgewertet werden.

- Gleich drei Spektrometer analysieren die Atmosphäre. Das *Planetary Fourier Spectrometer* (PFS) untersucht die Zusammensetzung der Gase und erstellt ein Temperaturprofil über dem Boden und in der Wolkenzone. Das *Ultraviolet and Infrared Atmospheric Spectrometer* (SPIVAC / SOIR) spürt gezielt nach Anzeichen für Wasser, Sauerstoff und Schwefelverbindungen. Und das *Ultraviolet / Visible / Near-Infrared Mapping Spectrometer* (VIRTIS) sieht durch die dichten Wolken in die unteren Schichten der Atmosphäre und sogar bis zum Boden.

- Die *Venus Monitoring Camera* (VMC) schließlich macht Fotos im ultravioletten und infraroten Licht, mit denen sich die Wolkendynamik verfolgen lässt.

Bedeutende Ergebnisse lagen Anfang 2007 noch nicht vor. In seinen ersten Wochen hat Venus Express vor allem die Ergebnisse der vorhergehenden Missionen bestätigt und Bilder vom bislang nicht fotografierten Südpol des Planeten aufgenommen. Sie zeigen spiralige Wolkenwirbel. Woraus wir folgern können, dass auf der Venus zumindest die Wettervorhersage zuverlässig ist – wenngleich die Prognosen selbst für britische Gemüter regelmäßig wenig amüsierend sein dürften.

UNTERM STRICH

Der Zwilling der Erde ist als Morgen- oder Abend«stern» hübsch am Himmel anzusehen – bei näherer Betrachtung ist er aber gründlich missraten. Auf der Venus ist es zu giftig, zu ätzend, zu drückend und vor allem zu heiß für Leben nach irdischem Vorbild. Im Prinzip könnten ein paar extremophile Einzeller sich Nischen gesucht haben und darin ein karges Dasein führen. Die NASA hat den Planeten allerdings schon abgeschrieben und wirft allenfalls im Vorbeiflug auf dem Weg zu anderen Zielen mal einen flüchtigen Blick drauf. Ein extremer Treibhauseffekt und der noch ungeklärte, fast vollständige Verlust des Wassers machen den wolkenreichen Himmelskörper zu einem vermutlich toten chemischen Hochdruckkessel.

Bekanntlich soll aber kein Schaden so groß sein, dass er nicht auch einen Nutzen hätte. Darum konstruieren wir über den großen physikalisch-chemischen Daumen gepeilt eine biologische Phantasie, die gerade aus den extremen Anforderungen der Venus ihre Vorteile zieht.

Der große Druck am Boden stört kleine Wesen mit Ausgleichsventilen herzlich wenig und könnte einer Venus-Zelle sogar die fehlende Flüssigkeit ersetzen. Die Dichte der Atmosphäre liegt nämlich rund 50-mal höher als auf der Erde und damit etwa bei einem Fünfzehntel der Dichte von Wasser (auf der Erde). Das reicht nicht aus, um flüssig zu werden, doch besonders kleinen Teilchen von der Größe einzelner Moleküle verleiht es beträchtlichen Auftrieb. Bei kurzen Wegen im Bereich von millionstel Metern, wie sie für Zellen typisch sind, könnte alleine die Wärmebewegung für die richtige Durchmischung der Komponenten sorgen. Statt gelöst im Wasser zu treiben, schweben die Proteine, Nährstoffe und Strukturen auf der heißen Luft an ihre Bestimmungsorte.

Wobei wir gerade wegen der heißen Luft schleunigst alle Moleküle von Kohlenstoff auf eine andere Basis umstellen müssen. Das Element Silizium drängt sich auf, aber zur Venus besser passen würde Schwefel. Der kann zwar nur zwei chemische Bindungen auf einmal eingehen, aber die beherrscht er bereits in irdischen Sphären souverän. Hellgelbe Kristalle, fast farblose Nadeln, zähflüssige braune Masse oder gelbbraunes Gummi – Schwefel hat schon in reiner Form viele Gesichter. Dazu bildet er gerne ringförmige Verbände von 6, 7, 8, 9 oder noch mehr Atomen. Kombiniert mit Stickstoff, Phosphor und Kohlenstoff ließen sich Verzweigungen einbauen, die komplexere Strukturen ermöglichen.

Vorausgesetzt, es findet sich ein Plätzchen mit einem stabilisierenden Verhältnis von Druck und Temperatur. Denn ohne die nötigen Bar im Hintergrund brechen die Bindungen schnell auf. Im Gegensatz zu ihren irdischen Verwandten hätten Venus-Zellen deshalb kein Problem, Energie für den Antrieb chemischer Reaktionen zu bekommen, sondern sie müssten stattdessen Mechanismen zur Kühlung entwickeln. Thermodynamisch ist das eine sehr schwierige Aufgabe, denn Wärme ist ohne kalte Frauenfüße nicht so einfach loszuwerden. Beim weiblichen Geschlecht wenig beliebt, nichtsdestotrotz einigermaßen effektiv ist dafür die Methode der Verdunstung: Die Teilchen einer Flüssigkeit verabschieden sich in die Gasphase und nehmen dabei ein wenig Wärmeenergie ihrer Umgebung mit. Den Part der Flüssigkeit kann dabei auch ein Feststoff übernehmen, was auf der Venus leichter zu bekommen wäre. Beispielsweise auf den Bergspitzen, wo sich ein wenig «Schnee» aus Bleisulfid und Bismutsulfid niedergeschlagen hat.

So gestaltete Schwefelzellen wären einzig im speziellen Klima der Venus überlebensfähig – und würden wegen ihrer Andersartigkeit bei allen Lebenstests irdischer Forscher durchfallen. Sie weisen uns damit nochmals auf das Dilemma hin, dass wir nur finden können, was wir schon kennen oder dem zumindest sehr ähnlich ist. Was absolut kein Grund ist, mit der Suche aufzuhören. Gerade auf so andersartigen Welten wie der Venus nicht. Obwohl ... die Schwefelzellen dürften wir auch mit den allergründlichsten Blicken kaum entdecken. Um aus der spielerischen Hypothese eine beobachtbare Realität zu machen, war der physikochemische Daumen dann doch ein wenig dick.

STAUBTROCKEN VOLLER WASSER

Die Evolution des Lebens geht keineswegs immer stur vom Einfachen zum Komplexen. Der Mars und seine Bewohner bieten ein gutes Beispiel, dass die Entwicklung durchaus in die entgegengesetzte Richtung verlaufen kann. Sogar vom einen Extrem in das andere.

Der Mars in Zahlen

Mittlerer Durchmesser	6769 km
Masse	$6{,}4 \cdot 10^{23}$ kg
Mittlere Dichte	3,94 g/cm³
Fallbeschleunigung	3,71 m/s²
Hauptelemente	Oberflächenmaterial aus 20% Silizium, 13% Eisen, 4% Magnesium, 4% Kalzium, 3% Aluminium, Spuren von Schwefel, Titan und Kalium
Atmosphäre	sehr dünn; 0,006 bar; 95% Kohlenstoffdioxid, 2,7% Stickstoff, 1,6% Argon, 0,13% Sauerstoff, 0,08% Kohlenstoffmonoxid, Spuren von Wasser
Dauer für eine Umdrehung	24 Std. 39 Min.
Neigung der Drehachse	25,2°
Mittlerer Abstand zur Sonne	227 Millionen km
Dauer für einen Umlauf	687 Tage
Mittlere Umlaufgeschwindigkeit	24,13 km/s
Monde	2

Ein Observatorium für optische Täuschungen. Die Begeisterung für den Roten Planeten initiierte im Jahr 1877 der italienische Astronom Giovanni Schiaparelli, der unter Kollegen einen ausgezeichneten Ruf als Planetenforscher genoss. Mit seinen scharfen Augen machte er auf dem Mars feine Linien aus, die er ohne weitere Hintergedanken als «Rinnen» bezeichnete, auf Italienisch «Canali». Unglücklicherweise klang dies ganz ähnlich wie das deutsche Wort «Kanäle» und das englische «channels» – ein falscher Freund, wie Sprachwissenschaftler lautlich motivierte Fehlübersetzungen nennen, dessen Charme vor allem der US-amerikanische Astronom Percival Lowell rückhaltlos erlag. Für ihn waren die Marskanäle eindeutig das Werk einer hoch stehenden Zivilisation, die mit einem ausgeklügelten Bewässerungssystem das Nass von den Polkappen in die trockeneren Gebiete um den Äquator leiteten. Er ließ sogar ein ganzes Observatorium (das Lowell-Observatorium in Flagstaff, Arizona) errichten, um den Roten Planeten und die Marsianer eingehend zu erforschen.

Doch leider waren die kleinen grünen Männchen weder klein noch grün und schon gar nicht friedlich. In H. G. Wells' Roman «Krieg der Welten» (im Original «The War of the Worlds», erschienen 1898) waren sie anscheinend der ewigen Kanalwirtschaft überdrüssig und fielen kurzerhand mit überlegener Technik auf der Erde ein. Ohne moralische Bedenken und nicht ausreichend geimpft legten sie mit Todesstrahlen ganze Städte in Schutt und Asche und gingen schließlich selbst kurz vor dem endgültigen Sieg an einer banalen Grippe zugrunde.

Die Niederlage tat der marsianischen Kultur überhaupt nicht gut. In den 1930er Jahren, kurz nachdem Orson Welles die

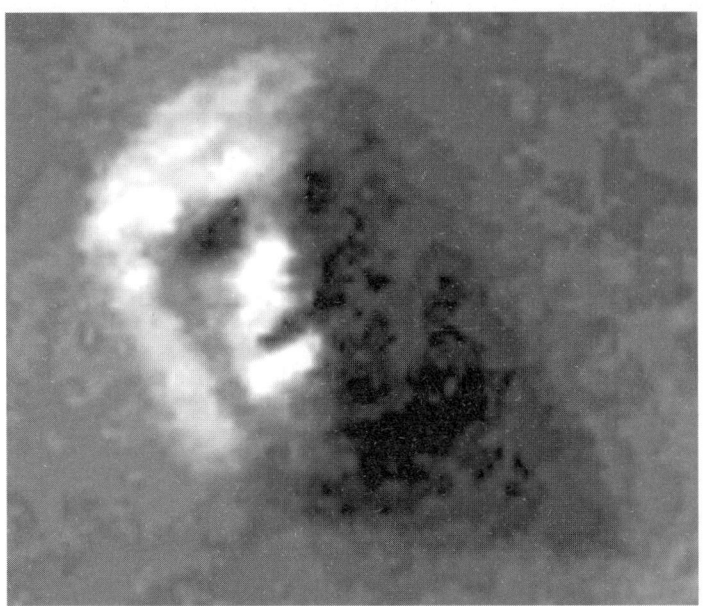

Das berühmte «Mars-Gesicht» schaut nicht sehr fröhlich zum Himmel. Es ahnt vielleicht schon, dass es bald als täuschendes Schattenspiel an einem unregelmäßigen Hügel erkannt wird.
NASA

Geschichte seines Namensvetters als Hörspiel inszeniert hatte, wurden in der Fachwelt Zweifel laut, ob die Kanäle wirklich Kanäle oder vielleicht eher optische Täuschungen seien. Denn erstaunlicherweise waren sie auf fotografischen Aufnahmen niemals zu sehen, und auch viele Astronomen an großen Teleskopen konnten die Beobachtung nicht nachvollziehen.

Keine Luft für große Sprünge. So ging die Zivilisation auf dem Mars langsam ein und ließ nur eine weit bescheidenere Vorstellung von den Bewohnern übrig. Moose, Algen und Flechten bedeckten nun den Planeten. Weit weniger gefährlich, weniger aufregend, aber immerhin noch richtiges Leben. Eine Zwischenstufe der rückwärts gerichteten virtuellen Evolution, die jedoch lediglich wenige Jahrzehnte währte – bis ab den 1960er Jahren die Erdmenschen mit Raumsonden dem Mars einen Gegenbesuch abstatteten. Friedlich, nur bewaffnet mit Kameras, Messgeräten und portablen Laboratorien.

Bereits die frühen Vorbeiflüge der Mariner-Sonden der NASA engten den Lebensraum der Marswesen erheblich ein. Auf den über 200 Fotos waren zahlreiche Krater zu erkennen, und die Instrumente fanden nur eine äußerst dünne Atmosphäre vor, die hauptsächlich aus Kohlenstoffdioxid bestand. Wo war der Sauerstoff, den die erhofften niederen Pflanzen produziert hatten? Ein weiterer Rückschritt, mit dem die Marsianer auf der Ebene von Bakterien angelangt waren. Und selbst an deren Existenz gab es mittlerweile erhebliche Zweifel.

Vikings verrückte Versuche. Also rüstete die NASA Mitte der 1970er Jahre ihre beiden Viking-Sonden mit Landeeinheiten aus, die in verschiedenen Experimenten gezielt nach Lebensspuren suchen sollten:

▸ Das *Pyrolytic Release Experiment* verfolgte, was mit radioaktiv markiertem Kohlenstoffdioxid und -monoxid passiert, wenn man etwas Marsboden belichtet. Sollten Marsmikroben einen ähnlichen Prozess wie die irdische Photosynthese benutzen, um aus gasförmigem Kohlenstoffdioxid festes Zellmaterial zu machen, müsste nach einigen Tagen ein Teil der Radioaktivität gebunden an die Organismen im Boden verbleiben.

- Mit dem *Labeled Release Experiment* suchten Viking 1 und 2 nach Lebensformen, die organische Nährlösungen abbauen. Diesmal steckte die Radioaktivität in den Nährstoffen und würde im Zuge eines biologischen Erd-Stoffwechsels teilweise in das entstehende Kohlenstoffdioxidgas übergehen.
- Für den Fall, dass die Marsmikroben aber andere biochemische Wege beschreiten als Bakterien von der Erde, verfolgte das *Gas Exchange Experiment* über längere Zeit die Zusammensetzung eines Gasgemischs von Kohlenstoffdioxid, Helium und Krypton über einer Bodenprobe auf etwaige Veränderungen. In einem zweiten Durchlauf wurde außerdem eine Mischung aus Aminosäuren, Vitaminen und Salzen zugegeben – die «Hühnersuppe», wie die Wissenschaftler diese Lösung scherzhaft nannten.
- Zusätzlich zu den drei biologischen Experimenten analysierte das *Gas Chromatograph Mass Spectrometer* den Marsboden, indem es ihn erhitzte und die austretenden Gase identifizierte.

Die Ergebnisse der Tests waren ... verwirrend. Statt mit eindeutigen Ja / Nein-Aussagen antwortete der Mars auf die Frage nach dem Leben mit herumdrucksendem Beides-irgendwie-aber-nicht-so-ganz.

- Im Photosynthese-Experiment lieferten sieben von neun Proben ein leicht positives Resultat, das auf 100 bis 1000 Zellen hindeutete. Diese Nachricht sorgte zunächst für einige Begeisterung, doch dann stellte man fest, dass es in der Reaktionskammer eigentlich viel zu heiß für die Kälte gewohnten Marsmikroben war. Bei mehr als 40 Grad über ihrer normalen Umgebungstemperatur hätten sie eher absterben sollen, als fröhlich Kohlenstoffdioxid zu fixieren. Andrerseits fiel auch keinem Forscher eine rein chemische Reaktion ein, die verantwortlich sein konnte für die Messwerte.

- Die Nährstofflösungen schienen zunächst auf heißes Begehren zu stoßen. Unmittelbar nach dem Kontakt setzten die Proben fleißig markierten Kohlenstoff frei, und die erhitzten Kontrollen verhielten sich diesmal ganz unauffällig. Erstaunlicherweise führte aber ein Nachschlag von organischen Substanzen zu einer Abnahme des Stoffumsatzes. Richtige Organismen hätten sich dagegen über weiteres Futter hergemacht und mehr oder zumindest gleich bleibend schnell die Nährlösung verdaut.

- Völlig durcheinander verlief die Entwicklung des Gasgemischs. Nach Zugabe der «Hühnersuppe» stiegen die Konzentrationen von Sauerstoff und Kohlenstoffdioxid steil an. Das hätte als ein Zeichen von Photosynthese gelten können – wenn es nicht in der Probenkammer stockdunkel gewesen wäre. Außerdem entstand weniger Sauerstoff, wenn das Marsmaterial vor Zugabe der Nährstoffe mit reinem Wasser befeuchtet worden war.

- Wenigstens die Zusammensetzung des Mars-Bodens ergab einen klaren Befund: In den genommenen Proben waren keine organischen Verbindungen enthalten. Selbst Moleküle, die auf Meteoriten, in dunklen Staubwolken und praktisch überall im Weltall anzutreffen waren, gab es an den Landestellen nicht in den oberen zehn Zentimetern. Vermutlich waren sie bei den harten Mars-Bedingungen längst zerfallen.

Angesichts der widersprüchlichen Ergebnisse dürfte mancher Wissenschaftler damals über eine zweite Karriere als Eisverkäufer nachgedacht haben. Und mit absoluter Sicherheit kann man auch heute noch nicht sagen, wie die Daten der biologischen Experimente zu verstehen sind. Wahrscheinlich waren sie die Folge des besonderen Wechselspiels zwischen dem Boden und der Atmosphäre des Mars. Die ultraviolette Strahlung der Sonne und starke elektrische Felder, die bei Sandstürmen entste-

Gleich zwei Mars-Sonden stießen bei ihren Erkundungen auf Anzeichen von Leben auf Aluminium-Basis.

hen, spalten in der Mars-Luft Moleküle von Wasser und Kohlenstoffdioxid, deren Bruchstücke mit anderen Molekülen zu sogenannten Peroxiden reagieren. Diese Substanzen, zu denen auch das aus Bleichmitteln bekannte Wasserstoffperoxid gehört, zerfallen auf der Erde relativ schnell. Auf dem Mars können sie dagegen in den trockenen Boden gelangen, wo sie recht stabil sind und sich ansammeln. Erst beim Kontakt mit Wasser zerfallen die Peroxide. Es entsteht der im Versuch gemessene Sauerstoff, der organische Verbindungen, wie sie in der Nährlösung enthalten waren, zersetzen und das registrierte Kohlenstoffdioxid freisetzen kann. Die Zugabe von weiterer Lösung oder Wasser war darum von einem schwächeren Signal gefolgt, denn der Großteil der Peroxide war bereits beim ersten Durchgang verbraucht worden. Außerdem kann sich in dem Wasser Kohlenstoffdioxidgas lösen und dadurch scheinbar «verschwinden». Und über allem schwebte die Erkenntnis: Da es keine organischen Verbindungen auf dem Mars gibt, konnte auch keines der anderen Experimente biologische Prozesse nachgewiesen haben.

Mit dieser Theorie war das Leben einstweilen vom Mars verschwunden. Ein herber Abstieg der einstigen Kanalingenieure, von denen innerhalb von 100 Jahren nicht einmal winzige Mikroorganismen übrig geblieben sind. Doch was macht den Mars so lebensfeindlich, dass außer irdischen Raumsonden niemand auf ihm wohnen mag?

DER ROST DES ALTERS

Die Zusammensetzung der Marsatmosphäre erinnert verblüffend an die Venus: Mit 95 Prozent dominiert Kohlenstoffdioxid deutlich vor Stickstoff, der 2,7 Prozent erreicht. Den Rest teilen sich Gase wie Argon, Kohlenstoffmonoxid und Spuren von Wasser. Während die Luft auf der Venus aber ungeheuer dick ist, umgibt den Mars nur ein zarter Hauch von fast nichts. Nicht einmal ein Prozent des irdischen Drucks erreicht seine Atmosphäre.

Viel zu wenig, um als ausgleichender Wärmespeicher zu fungieren. Und so schwanken die Temperaturen innerhalb eines Marstages, der mit 24 Stunden und 39 Minuten nur unwesentlich länger als ein Erdtag ist, bedeutend, ohne dabei über den Nullpunkt der Celsius-Skala zu gelangen. Am Landeplatz von Viking 1 bewegten sich die Werte beispielsweise zwischen −89 Grad und −31 Grad. Auf den ganzen Planeten bezogen liegen die Extreme bei −140 Grad im südpolaren Winter und +20 Grad am sommerlichen Äquator mit einem Mittelwert von −63 Grad Celsius.

Frühling, Sommer, Herbst und Winter. Wann es auf dem Mars Zeit wird für frostige Frühlingsgefühle und ob der Sommer lange Hitzeperioden mit Höchstmarken über dem Gefrierpunkt bringt, hängt von zwei Faktoren ab. Zum einen ist die Umlaufbahn des Planeten um die Sonne etwas langgestreckt. Ihre größte Annäherung liegt bei 207 Millionen Kilometern, die maximale Distanz bei 249 Millionen Kilometern. Diese Differenz von einem Viertel – bezogen auf den kürzeren Abstand – macht für den fernen Bahnbereich volle 45 Prozent weniger Sonnenlicht aus. Auf der Erde mit ihrem kreisähnlicheren Orbit sind es hingegen nur 7 Prozent. Wie sich die unterschiedliche Einstrahlung auf die einzelnen Regionen auswirkt, bestimmt weitgehend die Ausrichtung der Rotationsachse des Planeten. Sie ist um 25 Grad zur Bahnebene geneigt, etwa ebenso viel wie die Erdachse. Gegenwärtig steht die Achse so, dass der Mars-Nordpol in größter Sonnennähe von der Sonne wegzeigt und damit die nördlichen Winter relativ mild, die südlichen Sommer sehr «warm» ausfallen. Auf dem entlegenen Bahnende ist der Norden dann zur Sonne hin gekippt. Das beschert ihm einen schwachen Sommer, doch der Süden liegt im Schatten und kühlt stark ab.

Da der Mars fast doppelt so lange für einen Umlauf braucht wie die Erde, dauern auf ihm auch die Jahreszeiten entsprechend länger. Während der 183 Tage Nordsommer kann man am Pol das bewundern, wonach Astrobiologen auf dem übrigen Planeten verzweifelt suchen: Wassereis. Der allergrößte Teil des bekannten Marswassers lagert hier als dauerhaft gefrorener Block. Wird es im Herbst und Winter kälter, fallen die Temperaturen so weit, dass auch Kohlenstoffdioxid kondensiert und sich ein zusätzlicher Panzer aus Trockeneis (Kohlenstoffdioxid-Eis) über das Wassereis legt. Bei guten Sichtbedingungen ist dann die weiße Polkappe sogar mit Amateurteleskopen zu erkennen. Den Südpol trifft hingegen die Sonne im Sommer so stark, dass seine Eiskappe weitgehend verschwindet. Erst die Sonde 2001 Mars Odyssey konnte hier im Oktober 2002 neben Trockeneis auch Wassereis nachweisen.

Rostiger Staub und heftige Stürme. Abgesehen von den weißen Polkappen dominiert eine einzige Farbe in unterschiedlichen Schattierungen den Planeten: Rot. Genauer gesagt ist es Rostrot, denn es sind Eisenoxide, die dem Staub sein Aussehen verleihen. Er besteht aus feinsten Körnchen mit Durchmessern von weniger als 50 bis zu 150 tausendstel Millimetern. Vor Urzeiten ist das Material als Lava an die Oberfläche getreten und zu Basalten erstarrt. Durch Verwitterung entstand daraus der Regolith, in dem vor allem Silizium und Eisen auftreten. Im schwachen Schwerefeld des Mars reichen geringe Winde aus, um den Staub aufzuwirbeln und bis in große Höhen zu transportieren oder als Sandteufel über den Boden zu wirbeln. Ständig schwebt mehr oder weniger Staub in der Luft und verleiht dem Himmel eine mattrote Färbung.

Richtig heftig werden die Stürme, wenn beim Wechsel der Jahreszeiten an einem Pol das Kohlenstoffdioxid gefroren ausfällt und am anderen wieder als Gas in die Atmosphäre zurückströmt. Dadurch entstehen sehr schnell gewaltige Druckunterschiede, die planetenweite Ausgleichswinde hervorrufen. Über Wochen hinweg wüten Orkane mit Windgeschwindigkeiten von 120 Kilometern pro Stunde und mehr – die jedoch kaum mit irdischen Unwettern zu vergleichen sind, da sie wegen des geringen Luftdrucks nur wenig Reibungskräfte ausüben. Beobachtern auf der Erde oder in einer Umlaufbahn wird der Blick dadurch aber sehr getrübt. Der Mars präsentiert sich während seiner Frühlings- und Herbststürme mitunter als verwaschener roter Fleck am Abendhimmel. Von seinen großen Strukturen ist dann nichts mehr zu erkennen.

Ein geteilter Planet mit Rissen. Mit etwas Glück kann ein Amateurastronom mit seinem eigenen Teleskop die Zweiteilung des Mars erkennen. Im Norden prägen weite Tiefebenen das Bild, während den Süden zerklüftete Hochländer bilden. Etwa sechs Kilometer im Schnitt liegt der Süden höher, dessen Alter nach der Anzahl von Kratern auf etwa 3,5 Milliarden Jahre geschätzt wird. Der größte dieser Krater, die Hellas-Tiefebene, hat einen Durchmesser von bis zu 2100 Kilometern. Mit 8,18 Kilometern unter dem Bezugswert ist hier auch der tiefste Punkt des Planeten zu finden.

Der Norden ist vermutlich in späterer Zeit von Lava weitgehend überflutet worden. Nur wenige Krater, einige große Schildvulkane und ein Netz von Tälern sorgen für Abwechslung in den Staubebenen. Darunter befindet sich der Olympus Mons – der größte Vulkan des Sonnensystems, der bei einer Basis mit 600 Kilometern Durchmesser eine Höhe von 21 Kilometern erreicht. Bei den kilometertiefen und Tausende Kilometer langen Schluchten des Valles Marineris könnte es sich um die reale Grundlage für die eingebildeten Marskanäle gehandelt haben. Sie sind wahrscheinlich bei Bewegungen der Marskruste entstanden. Anders als bei den kleineren irdischen Canyons also eine sehr trockene Geburt.

Eine feuchtfröhliche Jugend? Das Interesse der Astrobiologen gilt jedoch mehr den kleineren Tälern in Nähe des Äquators. Sie erinnern mit ihrem gewundenen Verlauf und vielen Verästelungen an irdische Flüsse, weshalb manche Wissenschaftler in ihnen ausgetrocknete Flussbetten sehen. In unserer Zeit ist Wasser auf dem Mars mit Sicherheit nur für die Polkappen und Bereiche unterhalb der Oberfläche nachgewiesen. Mit einem speziellen Radargerät hat die Raumsonde Mars Express in mehr als einem Kilometer Tiefe Wassereis entdeckt, und aus indirekten Daten des Satelliten Mars Odyssey hat die NASA sogar schon eine Karte der Verteilung des Tiefenwassers erstellt.

Immer wieder berichten Marsforscher auch von Strukturen, Verfärbungen oder anderen Indizien, die sogar auf flüssiges Wasser hinweisen, das gelegentlich zumindest für kurze Zeit auf der Oberfläche fließt. Beispielsweise im Dezember 2006, als man auf Fotos der Sonde Mars Global Surveyor aus den Jahren 2004 und 2005 an einer Kraterwand helle, rinnenförmige Bereiche entdeckte, die 1999 und 2001 noch nicht dort gewesen waren. Hier könnte ein wenig Wasser geflossen sein, glauben manche. Skeptiker interpretieren die Flecken hingegen als Abrutsche von Staub und Gestein oder allenfalls als Hinterlassenschaft von flüssigem Kohlenstoffdioxid, das aus einem Reservoir im Boden hervorgetreten und den Hang hinabgeflossen ist.

Auch die Funde verschiedener Mineralien auf der Oberfläche tragen wenig zu einer Entscheidung bei, ob der Mars einst ein Badeparadies oder schon immer eine trockene Piste war. Für Flüsse, Seen und Ozeane sprechen millimetergroße Kügelchen aus Hämatit, Gesteine aus Jarosit und Goethit, die sich unter irdischen Bedingungen allesamt nur im Beisein von Wasser bilden. Dagegen steht die Anwesenheit von Olivin, das in Wasser zerfällt und zufälligerweise auch in einem mutmaßlichen Flussbett lag. Und ausgerechnet Karbonate (Kalkstein), die als Kronzeugen für eine feuchte Vergangenheit sprechen sollten, weil sie auf der Erde durch Ausfällung im Meer entstehen, sorgten für eine große Enttäuschung, weil sie zwar auf dem Mars vorhanden sind, aber in so geringen Spuren, dass sie eher auf einen Wüstenplaneten hindeuten.

In der Summe ergeben die Aussagen der steinernen Zeitzeugen bislang ein uneinheitliches Bild von einem Planeten, der womöglich vor langer Zeit teilweise von Wasser bedeckt gewesen ist, mehrere Eiszeiten durchlebt und allmählich seine Atmosphäre und sein Wasser verloren hat, weil ihm ein wichtiger Schutzfaktor fehlte – ein globales Magnetfeld.

Magnetische Streifen ohne Schutzkraft. Nur etwa ein tausendstel Prozent der Stärke des irdischen Magnetfelds bringt der Mars nach den Messdaten der Sonde Mars Global Surveyor auf. Hinzu kommen lokale Felder in der Kruste, die bis zu 1000 Kilometer lang und 150 Kilometer breit sein können und immerhin ein halbes Prozent erreichen, sowie maximal halb so starke Magnetfelder aus den Wechselwirkungen des Sonnenwindes mit den Teilchen der Atmosphäre. Auch zusammengenommen ist das so gut wie nichts, um den Sonnenwind abzuwehren. Wie ein atomares Sandstrahlgebläse zieht

Neuere Mars-Missionen

Name	Organisation	Zeitraum des Einsatzes	Aufgaben
Pathfinder	NASA	Juli bis September 1997	Landung auf dem Mars; Roboterfahrzeug Sojourner; Untersuchung von Gesteins- und Bodenproben; Sammeln von Wetterdaten
Mars Global Surveyor	NASA	März 1999 bis November 2006	Fotografieren der Oberfläche; Untersuchungen zu Topographie, Gravitation, Wetter, Klima, Magnetfeld, Atmosphäre und Oberfläche
2001 Mars Odyssey	NASA	seit Oktober 2001	Erstellen einer Karte mit Verteilung der chemischen Elemente; Suche nach Wassereis; Strahlenmessungen in niedrigen Umlaufbahnen
Mars Express	ESA	seit Dezember 2003	Kartographierung der Oberfläche; Untersuchung von Atmosphäre und Boden; die Landeeinheit Beagle 2 ging verloren
Mars Exploration Rovers	NASA	seit Januar 2004	Landung der beiden Roboterfahrzeuge Spirit und Opportunity auf dem Mars; Untersuchungen von Gestein; Suche nach Hinweisen auf früheres Wasser
Mars Reconnaissance Orbiter	NASA	seit März 2006	Kartographerung der Oberfläche; Suche nach Wasser und Eis unter der Oberfläche; Relaisstation für spätere Missionen

dieser geladene Partikelstrom über den Planeten und hat ihm nach und nach die Atmosphäre entrissen, deren Gase auch die schwache Gravitation nicht halten konnte. In der dünnen Luft verdampfte aber jegliches Oberflächenwasser in kurzer Zeit. Die ultraviolette Strahlung zerlegte in den höheren Schichten der Restatmosphäre die Wassermoleküle in Sauerstoff und Wasserstoff, der in den Weltraum entwich. Zurück blieb ein trockener, kalter Wüstenplanet, auf dem kleine Roboterautos herumfahren, Steinchen mit verschiedenen Strahlen beschießen und gelegentlich widersprüchliche Daten zur Erde senden, damit ihre daheimgebliebenen Konstrukteure laut «Wasser!» ausrufen können, um weitere Forschungsgelder zu erhalten.

FALSCHE SIGNALE UND GROSSE HOFFNUNGEN

Die Anhänger eines belebten roten Nachbarn hatten ihre Enttäuschung über die widersprüchlich negativen Daten der Viking-Sonden tapfer verarbeitet, da wühlte die NASA am 7. August 1996 alle Hoffnungen mit einer Pressemitteilung wieder auf, in der sie von wissenschaftlichen Untersuchungen an einer Kartoffel berichtete.

Odyssee im Weltall. Zumindest sah das Objekt der Studien einer interdisziplinären Gruppe um David McKay und Everett Gibson vom Johnson Space Center sowie Kathie Thomes-Keptra von Lockheed-Martin aus wie eine Kartoffel und war auch so groß. Der Brocken stammte jedoch aus der Antarktis, genauer gesagt aus einer Region, die Allan Hills genannt wird und in welcher uralte, dicke Eisschichten sich gegenseitig langsam die steinigen Hügel hinaufschieben. Was zu hoch gerät, das trägt der Wind davon. Es sei denn, es ist zu schwer und bleibt einfach trotzig auf der weiten Fläche liegen. Wie zum Beispiel Steine, die irgendwann vom Himmel gefallen sind und vom nachfolgenden Schnee unter immer mächtigeren Schichten begraben wurden, bis sie irgendwann an den Ausgang des gewaltigen Kühlschranks geschoben werden. Dort harren die kartoffelähnlichen Nichtkartoffeln der Dinge, die meist irgendwann in Form eines neugierigen Forschers erscheinen, der den Stein vom Himmel als Meteoriten erkennt, aufhebt und mit einem wohlklingenden systematischen Namen belegt: ALH 84001 – Meteorit, gefunden bei den ALlan Hills im Jahr 1984 als Nummer 001 in dem betreffenden Jahr.

Mit dem Finden allein war die Tür zum weltweiten Ruhm noch nicht aufgestoßen. Zunächst machte ALH 84001 die übliche Runde durch die Laboratorien von Geologen und Planetenforschern. Dort stieß er auf Begeisterung, denn ALH 84001 ist vulkanischen Ursprungs, uralt und stammt vom Mars. Auf 4 bis 4,5 Milliarden Jahre schätzten die Wissenschaftler sein Alter. Kein Stein auf der Erde kann da mithalten. ALH 84001 musste zu den frühesten Gesteinen auf dem Mars gehört haben, denn ein Vergleich mit den geochemischen Erkenntnissen der Viking-Mission ergab, dass nur dort die Geburtsstätte des Meteoriten liegen konnte. Und er verriet noch mehr: Ein paar hundert Millionen Jahre nach seiner Entstehung bekam er Risse, durch welche Wasser und alles, was darin herumschwamm, in das Material gelangte. Es folgte eine lange Phase der Ruhe, die vor 16 Millionen Jahren abrupt durch den Einschlag eines großen Meteoriten auf dem Mars beendet wurde. Zusammen mit einer Menge weiteren Marsgesteins wurde ALH 84001 in den Weltraum geschleudert, auf eine Odyssee, die ihn vor 13 000 Jahren zur Erde führte, direkt ins antarktische Tiefkühlfach.

Winzig klein und sensationell? Ohne Zweifel eine spannende Vergangenheit. Doch über das wahre Geheimnis der 1,94 Kilogramm Mars stolperte Everett Gibson erst Anfang der 1990er Jahre, als er verschiedene Marsmeteorite mit einem Elektronenmikroskop betrachtete. Dabei entdeckte er auf ALH 84001 kleine Karbonat-Kügelchen, bei denen es sich vermutlich um die zu Stein gewordenen Reste des urzeitlichen Marswassers handelte. In diesen Kügelchen gab es sonderliche Strukturen, die aussahen wie – Bakterien.

Damit war die Jagd auf die fossilen Spuren der vermeintlichen Marsmikroben eröffnet. Gibson zog seine beiden Kollegen hinzu, und gemeinsam erarbeiteten die Forscher einen kleinen Katalog von Hinweisen, die jeder für sich genommen wenig beweisstark sind, in der Summe aber durchaus als Anzeichen für früheres Leben interpretiert werden könnten:

▸ Am schönsten und auf den ersten Blick überzeugendsten wirken nach wie vor die «Fossil»-Strukturen. Kügelchen, Stäbchen und sogar beinahe wurmähnliche Gestalten sind unter dem Elektronenmikroskop zu erkennen. Formen, wie sie von irdischen Bakterien bekannt sind.

▸ Ebenfalls in den Karbonat-Kügelchen fand das Team kleine Kristalle des Minerals Magnetit. Dieses magnetische Eisenoxid benutzen einige irdische Bakterien, um sich in den Seen, die sie bewohnen, zu orientieren. Allerdings brauchen sie ihren internen Kompass nicht, um Nord und Süd zu unterscheiden, denn auch der eifrigste bakterielle Schwimmer kommt aus eigener Kraft nicht weit und wird es niemals in den sonnigen Süden schaffen. Stattdessen helfen ihnen die Kristalle, den Weg nach unten in nährstoffreichere Schichten zu finden, da die magnetischen Feldlinien jenseits des Äquators nicht strikt parallel zur Oberfläche verlaufen, sondern zugleich winklig in die Erde beziehungsweise den See hinein.

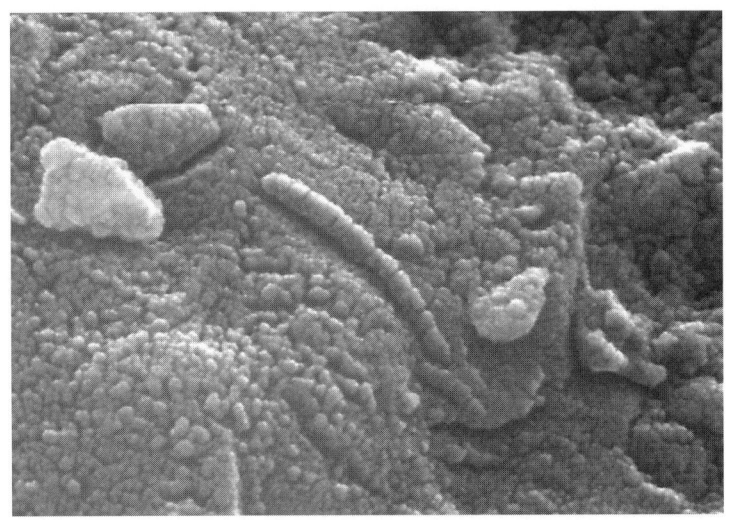

Unter dem Elektronenmikroskop sehen manche Bereiche des Meteoriten ALH 84001 irdischen Mikroorganismen täuschend ähnlich. Allerdings sind die Strukturen für biologische Zellen zu klein und entpuppen sich bei Betrachtung aus einem anderen Blickwinkel als gewöhnliche Mineralkanten.
NASA

▸ Um die Karbonat-Kügelchen herum waren organische Verbindungen aus der Gruppe der polyzyklischen aromatischen Kohlenwasserstoffe (PAK) in erhöhter Konzentration vorhanden. Diese Substanzen entstehen beim Zerfall von Lebewesen und sind auf der Erde in vielerlei Varianten weit verbreitet. Im Meteoriten gab es hingegen lediglich eine Handvoll verschiedener Moleküle, wie es zu erwarten wäre, wenn sich einfache Bakterien im Gestein auflösen.

Widerspruch und Widerwiderspruch. Mit dieser Liste wandten sich die Forscher über die NASA am 7. August an die Öffentlichkeit – neun Tage bevor der zugehörige Artikel in der Wissenschaftszeitschrift *Science* erschien. Eine Reihenfolge, die viele Kollegen als Bruch der üblichen Prozedur ansahen, wonach neue Erkenntnisse zunächst der Fachwelt und danach oder allenfalls gleichzeitig einem breiten Publikum zugänglich gemacht werden. Dieser Bruch der Etikette und der Umstand, dass die Entdeckung von außerirdischem Leben eine der größten wissenschaftlichen Sensationen des Jahrtausends darstellen würde, sorgten in individuell unterschiedlichen Mischungen für eine gehörige Portion Skepsis bei Biologen, Geologen, Planetologen und Nochmehrlogen. Sie standen Schlange, um ein Stück des nun zum Popstar aufgestiegenen Meteoriten zu erlangen, dem sie mit Mikroskopen, Spektrometern und den guten alten Chemikalien gezielt peinliche Fragen stellen konnten. Stets bemüht, die Lebenszeichen als Irrtümer zu enttarnen. Ganz nach bewährter wissenschaftlicher Tradition, wonach nur das Bestand hat, was auf dem Prüfstand der Skeptiker nicht ins Wanken gerät.

In den folgenden Jahren kippelten und wackelten die angeblichen Lebenszeichen in ALH 84001 immer mehr. Ganz gefallen sind sie noch nicht, wenngleich die Mehrheit der Wissenschaftler inzwischen davon ausgeht, dass absolut lebensfreie Prozesse für alle Merkmale verantwortlich sind.

- Die «fossilen Marsmikroben» sind mit 20 bis 100 milliardstel Meter außergewöhnlich klein. Irdische Bakterien messen selten weniger als ein millionstel Meter. Darunter wird es sehr eng für die Moleküle des Lebens, zumal manche von ihnen bereits selbst Durchmesser von fünf milliardstel Metern oder mehr haben. Viele Mikrobiologen glauben daher nicht, dass Zellen von den Maßen der «Fossilien» wirklich autonom leben könnten. Dem halten McKay und seine Kollegen entgegen, dass es auch auf der Erde sogenannte Nanobakterien gibt, die ebenfalls nicht größer als 200 milliardstel Meter sein sollen – nur ist deren Existenz gegenwärtig ebenso umstritten wie die Marsmikroben.

▸ Auch andere Forschergruppen haben bei ihren Untersuchungen von ALH 84001 unter dem Elektronenmikroskop Strukturen gesehen, die wie Bakterien aussahen. Allerdings verflüchtigte sich der Eindruck, sobald sie die Probe ein kleines Stück drehten und damit den Blickwinkel änderten. Plötzlich war deutlich zu erkennen, dass es sich lediglich um seltsame Bruchkanten und Kristallecken handelte.

▸ Das Mineral Magnetit entsteht auch ohne Zutun von Bakterien. Auf Grundlage der bisherigen Daten lässt sich nicht entscheiden, ob lebende Zellen an der Produktion der Kristalle im Meteoriten beteiligt waren oder nicht. Vor dem Hintergrund, dass der Mars gegenwärtig kein globales Magnetfeld besitzt, stellt sich auch die Frage, wozu die Marsmikroben überhaupt einen «Kompass» gebrauchen sollten. Der wäre allenfalls nützlich, wenn der junge Planet über ein starkes Magnetfeld verfügt hätte, was weit jenseits unseres Wissens liegt.

▸ Polyzyklische aromatische Kohlenwasserstoffe gehören fast schon zur Grundausstattung jedes Meteoriten vom Chondriten-Typ. Ihre Anwesenheit auf ALH 84001 ist folglich keine Überraschung. Die Zusammenstellung auf dem Marsmeteoriten unterscheidet sich jedoch vom üblichen Mix, weshalb anzunehmen ist, dass diese Kohlenwasserstoffe tatsächlich auf dem Mars mit seiner ganz eigenen Chemie entstanden sind. Ein Hinweis auf Leben ergibt sich daraus aber nicht.

So stehen die potenziellen Marsmikroben schwer angeschlagen, aber keineswegs besiegt weiterhin im Zentrum heftiger wissenschaftlicher Dispute. Ob es sich um Spuren einstigen Lebens oder die Produkte täuschender nichtbiologischer Chemie handelt, kann mehr als zehn Jahre nach der sensationellen Ankündigung der NASA noch immer niemand mit Sicherheit sagen. In der Öffentlichkeit ist die Frage auch ziemlich an den Rand geraten. Mittlerweile unterhält die amerikanische Weltraumbehörde ihr Publikum längst mit anderen Attraktionen: Wenn der Mars nicht freiwillig belebt ist – so tönt es aus den visionären Kanälen –, dann wird er eben lebendig gemacht. Und gleich anschließend besiedelt. Eine zweite Erde, nur eben viel schöner und moderner.

Wer will da noch etwas von Milliarden Jahre alten Möchtegern-Mikroben aus einem kartoffelförmigen Stein hören?

Trotz intensiver Forschung war in den Marsproben keine Spur von Leben zu entdecken.

UNTERM STRICH

Der Mars mag der Lieblingsplanet von Science-Fiction-Autoren und Astrobiologen sein – Leben konnte man bislang nicht auf ihm nachweisen. Trotz intensiver Suche war die Entdeckung von gefrorenem Wassereis unter der Oberfläche und an den Polen der größte Erfolg zahlreicher Missionen. Selbst wenn diese gelegentlich aufregende Daten zur Erde funken, muss man bei der Interpretation sehr vorsichtig sein, da die besonderen Bedingungen auf dem Roten Planeten chemische Abläufe begünstigen, die auf der Erde weitgehend unbekannt sind.

Obwohl der Mars als Gesteinsplanet einen festen Grund für Leben bietet und vermutlich früher über flüssiges Wasser und eine dichtere Atmosphäre verfügt hat, ist er heute wahrscheinlich biologisch tot. Zwei kleine Fehler machten ihn zum Opfer eines Sonnenwindes, der unbarmherzig alle Gase bis auf kleine Reste in den Weltraum geblasen hat: Der Mars ist zu klein, um sie mit seiner Gravitationskraft zu halten, wie es der Venus gelang, und er hat kein Magnetfeld, das den Strom geladener Teilchen um ihn herumleiten könnte.

Auf diese Punkte müssen Astrobiologen achten, wenn sie ferne Welten auf ihre Lebensfähigkeit prüfen. Damit nicht wieder irdisches Wunschdenken marsianische Kanäle aushebt.

WO SCIENCE IN FICTION ÜBERGEHT

Das Rezept scheint sehr einfach zu sein: Der Mars ist zu kalt, also machen wir ihn wärmer. Er hat zu wenig Atmosphäre, also tauen wir ein paar seiner gefrorenen Gase auf. Und ehe wir uns versehen, grünt und blüht es auf dem einst rostigen Planeten. Macht die Erde dann eines Tages unter dem Missmanagement der Menschheit schlapp, ziehen wir einfach um ins neue Paradies.

Zugegeben – ganz so präsentiert die NASA ihre Visionen vom Terraforming genannten Umbau eines Planeten in eine bewohnbare Welt nicht. Aber es hat den Anschein, als habe sie nichts dagegen, wenn auf dem Weg in die Öffentlichkeit aus Phantasien zuerst Pläne und dann schon beinahe überfällige Fakten werden. Begierig greifen die Medien das neue Sensationsthema auf, unterfüttern es mit realistisch wirkenden Animationen aus dem Computer und erwecken beim Publikum den Eindruck, es gehe morgen schon los mit den ersten Raketen. Ein Schelm, wer inmitten der Euphorie daran denkt, dass die NASA stets aufs Neue eine positive Stimmung in der US-amerikanischen Bevölkerung braucht, um weitere Gelder für ihre teure Forschung bewilligt zu bekommen.

Blühende Landschaften. Also wird der Mars vom Wüstenplaneten zur Erde Nummer 2 gemacht. Und die Methode der Wahl soll ein Phänomen sein, das wir schon auf Nummer 1 nicht unter Kontrolle bekommen – der Treibhauseffekt. Speziell dafür errichtete Fabriken produzieren auf dem Mars als Anschubhilfe Unmengen effektiver Treibhausgase, die ganz allmählich die einfallende Sonnenwärme einfangen und speichern. Ist die Temperatur erst von −63 Grad Celsius auf −20 Grad gestiegen, ist das Gröbste geschafft. Nun taut das Kohlendioxid der Polkappen und des Dauerfrostbodens auf. Gewaltige Mengen des natürlichen Treibhausgases verdicken die Atmosphäre, sammeln weitere Sonnenwärme und heben das Quecksilber schließlich über die Null-Grad-Marke.

Damit geht das Terraforming in die nächste Runde. An den

Polen schmilzt auch das Wassereis. Wasser ist nicht nur im gasförmigen Zustand ein weiteres Treibhausgas, es kann auch endlich wieder in flüssiger Form durch die vielen mutmaßlichen Flussbetten rauschen, verdampfen, abregnen und einen lange vermissten Kreislauf etablieren. Die Temperatur hat inzwischen ihren Endwert von +5 Grad erreicht, was nicht unbedingt kuschelig warm ist, aber für eine genügsame Biologie ausreicht. Ebenso wie der Druck von einem Drittel des irdischen Luftdrucks.

Sauerstoff zum Atmen gibt es allerdings noch nicht. Den bilden jetzt hartgesottene Cyanobakterien wie *Chroococcidiopsis*, das auf der Erde in heißen Trockenwüsten und eisigem Frost der Antarktis ebenso zu Hause ist wie in heißen Quellen, Salzseen und im Tiefengestein. Unterstützung erhält der Einzeller von gentechnisch veränderten Mikroorganismen. Gemeinsam krempeln sie die Atmosphäre um, vermehren sich, sterben ab und verfallen zu nährstoffreichem Humus, der den Regolithboden des Mars fruchtbar macht.

Zwischen 100 und mehrere Millionen Jahre nach dem Start des Terraforming-Programms sieht der Mars so lebenswert und einladend aus, wie er vor ein paar Milliarden Jahren schon einmal gewesen sein soll: Grüne Kontinente und blaue Ozeane unter weißen Wolken erinnern den wehmütigen Menschen an die gute, alte Erde. Nur diesmal ist das Paradies selbst geschaffen.

Der harte Boden der Realität. So sehen die Träume einer technischen Zivilisation aus, die alleine in den zurückliegenden 20 Jahren fünf Missionen auf dem Weg zum roten Nachbarn verloren hat. Ganz so günstig scheinen die Sterne der Menschheit auf dem Mars also nicht zu stehen, und offenbar hat auch unsere bescheidene Allmacht ihre Grenzen.

Ganz zu schweigen von unserem wirklichen Wissensstand.

Egal, wie würdevoll die virtuellen Polkappen in den Trickfilmen dahinschmelzen – niemand weiß, wie viel Kohlendioxid und Wassereis tatsächlich dort gespeichert sind. Welche Mengen stecken im gefrorenen Boden? Was würde ein erzwungener Treibhauseffekt auf dem Mars in der Realität bewirken? Es wirkt ein wenig verwunderlich, wenn Wissenschaftler verzweifelt darum ringen, verlässliche Prognosen für die Auswirkungen des Klimawandels auf der sehr viel besser erforschten Erde zu erstellen – und gleichzeitig andere Forscher angeben, die Entwicklung auf dem Mars genau vorhersagen zu können.

Wie schwierig es ist, selbst überschaubar kleine Ökosysteme zu verstehen, haben die Probleme des Projekts Biosphäre 2 gezeigt. Am Übergang der 1980er / 1990er Jahre haben in dessen Rahmen Teams von geschulten Freiwilligen in der Wüste von Arizona Monate in einer hermetisch von der Außenwelt abgeschotteten Anlage verbracht. Auf 1,6 Hektar lebten sie mit Ozean, Regenwald, Savanne, Wüste und Nutzfläche vollkommen autark. Zumindest war das der Plan. Doch eine Reihe unvorhergesehener Probleme sorgte dafür, dass bald Sauerstoff und frisches Wasser von außen nachgeliefert werden mussten. Ameisen breiteten sich überall aus, Mikroorganismen des Bodens und ein unerwarteter El Niño dezimierten die Ernte … Der erste Versuch musste schließlich abgebrochen werden. Der zweite Anlauf verlief zwar besser, aber auch diesmal war die Besatzung auf externe Unterstützung angewiesen. Momentan sind wir Menschen anscheinend noch nicht in der Lage, ein funktionierendes ökologisches Gleichgewicht aufzubauen und zu erhalten. Wenn das aber bereits auf der Erde Schwierigkeiten bereitet, was hätten wir dann für den Mars zu erwarten?

Selbst wenn wir nach intensiver Forschung eines Tages über das notwendige Wissen verfügen sollten, genug Finanzmittel auftreiben können für ein Projekt, von dem frühestens die überüberübernächste Generation profitiert, und wahrhaftig die gefrorenen Gase aus ihrem Winterschlaf erwecken können – was würde passieren? Nach wie vor hätte der Mars kein globales Magnetfeld, um den Sonnenwind abzuwehren. Die anwachsende Atmosphäre wäre einem schwachen, aber stetigen Blasen ausgesetzt, dem der Mars im Gegensatz zur Venus kein ausreichend starkes Schwerefeld entgegenzusetzen hätte. Der Lufthülle des Planeten würde das gleiche Schicksal drohen wie vor mehreren Milliarden Jahren: Sie würde fortgetragen in die Weiten des Alls. Zurück bliebe ein noch trockenerer, noch toterer Gesteinsklumpen. Und auf der Erde würden die Mars-Aktien in ein plötzliches schwarzes Börsenloch fallen.

Feriensiedlungen im Roten. So wird der grüne Mars wohl eine Utopie bleiben. Falls der Mensch ihn eines Tages besiedeln sollte, dann vermutlich eher in kleinen Kolonien, die vor der lebensfeindlichen Umwelt geschützt sind. Nach dem Vorbild von Biosphäre 2 – und nach einigen glücklicheren Wiederholungen des Experiments – müssten die Anlagen ihren gesamten Bedarf an Atemluft, Wasser, Nahrung und Verbrauchsgütern weitgehend selbst herstellen und am besten in einen geschlossenen Kreislauf einbringen. Ausflüge in das Umland wären nur in Schutzanzügen möglich und wegen der starken Strahlung auf kurze Trips beschränkt. Übermäßig interessant wären sie sowieso nicht, denn der Mars ist weiterhin eine rote Staubwüste. Mit einigen antiken Raumsonden und Roboterfahrzeugen als Sehenswürdigkeiten, die vielleicht immer noch eifrig auf der Suche nach marsianischem Leben wären.

GIGANTISCH UND NEBULÖS

Der Jupiter hat alles kaputtgemacht. Als der italienische Astronom Galileo Galilei im Januar 1610 sein Fernrohr auf den Riesenplaneten richtete, wurde er Zeuge von himmlischen Vorgängen, die der Vorstellung einer einfachen, geordneten Welt voller Harmonie und Perfektion am Firmament ein kosmisches Ende bereiten sollten. Vier harmlos erscheinende Lichtpunkte standen mal links, mal rechts des Jupiters, in unterschiedlichen Entfernungen, aber immer in seiner unmittelbaren Nähe. Zeitweise waren nur drei von ihnen zu sehen, wenige Nächte später wieder das gesamte Quartett. Für Galileo gab es nur eine Erklärung für das Schauspiel: Die vier Punkte waren Monde, die den Jupiter umkreisten wie die Planeten die Sonne. Für die Kirche gab es hingegen nur eine Erklärung für diese Behauptung: Galileo musste ein verruchter Ketzer sein, der seinen eigenen Sinnen mehr glaubte als dem Glauben. Sie stemmte sich mal wieder mit aller Macht gegen die neue Erkenntnis, erzielte einen kurzzeitigen Erfolg, unterlag im Laufe der Geschichte aber doch und hat mit ihrer überzogenen Reaktion ihren schlechten Ruf in Fragen des wissenschaftlichen Fortschritts weiter ausgebaut.

Massige Schwankungen. Wie hätten die ehrwürdigen Herren wohl reagiert, wenn sie gewusst hätten, wie heftig der Riesenplanet mit dem heidnischen Namen – Jupiter war der oberste Gott der alten Römer und entspricht dem altgriechischen Zeus – darüber hinaus am Sockel der weltzentralen Sonne wackelt? Zweieinhalbmal so viel Masse wie alle übrigen Planeten des Sonnensystems zusammen vereinigt der Koloss in sich. Genug für eine so starke Gravitationskraft, dass sogar die Sonne selbst davon ins Schlingern kommt. Wie wir im Kapitel «Ein Universum voller Welten» für ferne Exoplaneten genauer betrachtet haben, drehen sich auch Sonne und Jupiter um einen gemeinsamen Schwerpunkt, der knapp außerhalb des Sterns liegt. Der strahlende, vermeintlich absolute Fixpunkt des Universums wankte unter dem Schweresog eines einfachen Giganten hin und her. Wahrlich keine angenehme Vorstellung für haltsuchende Gemüter.

Wohl aber eine Gelegenheit für eventuelle ferne Beobachter, festzustellen, dass die Sonne von mindestens einem Planeten begleitet wird. Ebenso wie irdische Astronomen mit ihren Mes-

Der Jupiter in Zahlen

Mittlerer Durchmesser	139 200 km
Masse	$1,9 \cdot 10^{27}$ kg
Mittlere Dichte	1,33 g/cm³
Fallbeschleunigung	24,8 m/s²
Hauptelemente	Wasserstoff, Helium, andere Elemente in Spuren
Atmosphäre	90 % Wasserstoff, 10 % Helium, Spuren von Methan, Ammoniak, Wasser und anderen Verbindungen
Dauer für eine Umdrehung	9 Std. 55 Min.
Neigung der Drehachse	3,13°
Mittlerer Abstand zur Sonne	778 Millionen km
Dauer für einen Umlauf	11,86 Jahre
Mittlere Umlaufgeschwindigkeit	13,07 km/s
Monde	mindestens 63

sungen vor allem die schwergewichtigen Gasplaneten anderer Systeme entdecken, werden auch sie zuallererst den Jupiter bemerken. Nun mangelt es dem Universum wahrlich nicht an Planeten, doch mit deren Bewohnern – und mögen sie auch mikroskopisch klein sein – ist es offenbar weniger opulent ausgestattet. Darum folgt dem Nachweis eines weiteren Gasriesen sofort die Frage, ob er eventuell belebt sein könnte. Nun, könnte der Jupiter?

EIN SYSTEM FÜR SICH

Galileos Eindruck, dass der Jupiter einem Sonnensystem im Miniaturmaßstab ähnelt, ist aus heutiger Sicht weiterhin gültig. Eine fast unüberschaubare Menge von Monden – bislang haben Astronomen 63 Stück gefunden – wandert auf kreisförmigen und gestreckten Bahnen, nah oder fern, in der Äquatorebene oder quer dazu, mit der Drehrichtung oder ihr entgegen um den Planeten. Hinzu kommt ein schmales Ringsystem, das zwar 6000 Kilometer breit und 30 Kilometer dick ist, aber nur aus Teilchen besteht, die so winzig sind wie die Partikel im Zigarettenrauch. Wahrscheinlich werden sie bei Meteoriteneinschlägen auf den Monden ins All geschleudert, geraten auf eine Umlaufbahn und stürzen irgendwann auf den Jupiter nieder.

Ein strahlender Stern ist der Jupiter nicht, da ihm die nötige Masse fehlt, um die Kernfusion von Wasserstoff zu Helium zu zünden. Allerdings gibt er mehr Energie an die Umgebung ab, als er von der Sonne erhält. Gasplaneten schrumpfen langsam, wodurch die Temperatur und der Druck in ihnen steigen. Verfügen sie über die 13fache Masse des Jupiters oder mehr, reichen die Bedingungen aus, um einige andere Fusionsprozesse zu starten: zunächst die Verschmelzung von Deuterium (sogenannter schwerer Wasserstoff) mit Protonen zu Helium, bei über 65 Jupitermassen auch die Fusion des leichten Metalls Lithium mit Protonen. Das reicht gerade für ein dunkles Glimmen, weshalb Astronomen diese Lückenfüller zwischen Planeten und Sternen als Braune Zwerge bezeichnen. Für eine belebende Chemie wären sie bei weitem zu heiß, sodass 13 Jupitermassen die alleroberste Grenze der astrobiologischen Neugierde darstellen.

Die Mischung des ersten Tages. Es hat sich fast nichts verändert auf dem Jupiter. Den allergrößten Teil seiner Materie macht Wasserstoff aus, gefolgt von Helium, mit ein paar winzigen Einsprengseln anderer Elemente. Ziemlich genau die Zusammenstellung, aus der vor fast fünf Milliarden Jahren das Sonnensystem hervorgegangen ist. Sehen können wir davon lediglich die oberste Schicht der Atmosphäre, und auch mit Radar und anderen raffinierten Methoden dringen wir nicht durch diese dicke Hülle, welcher die Gasplaneten ihren Namen verdanken und die ihren wesentlichen Teil ausmacht.

Interessanter als die große Menge sind jedoch die kleinen Beimischungen in der Atmosphäre. Der Jupiter hat hier Spuren von Sauerstoff, Kohlenstoff, Schwefel und Neon zu bieten. Außerdem Ammoniak, das der Hauptbestandteil der obersten Wolkenschicht ist, Ammoniumhydrogensulfid, aus dem die mittlere Wolkenschicht im Wesentlichen aufgebaut ist, und Wasser, das die untere Wolkenschicht bildet. Hinzu kommen weitere Schwefel- und Sauerstoffverbindungen sowie als organische Moleküle Methan und Ethan. Alles sehr stark verdünnt, aber dennoch eine viel versprechende Auswahl. Zumal in dieser Liste höchstwahrscheinlich noch eine Reihe weiterer Substanzen fehlt, die bislang nicht nachgewiesen wurden, obwohl sie beispielsweise den verschlungenen Wolkenbändern ihre gelben, orangenen, roten und braunen Farbtöne verleihen.

Für die fast ordentliche Durchmischung der Substanzen sorgen heftige Stürme und Wirbel, in denen Windgeschwindigkeiten von bis zu 500 Kilometern pro Stunde herrschen. Angetrieben von der rasanten Rotation des Planeten, die am Äquator mit 9 Stunden 50 Minuten und 30 Sekunden etwas schneller ist als in den höheren Breiten, wo eine Umdrehung 5 Minuten und 10 Sekunden länger dauert, und dem Energiefluss von innen nach außen hat sich ein komplexes Strömungssystem entwickelt, das große Strukturen innerhalb von Stunden auf- und abbauen oder aber über Jahrhunderte bewahren kann. Das auffälligste Beispiel für so einen dauerhaften Wolkenwirbel ist der Große Rote Fleck, der seit wenigstens 300 Jahren – so weit reichen die Beobachtungen zurück – zwischen zwei Wolkenbändern festsitzt. Er ist etwa so breit und dreimal so lang wie die Erde und damit bereits in Amateurteleskopen zu erkennen. Was das Rot an ihm ausmacht, ist immer noch unbekannt. Aber ebenso wie

Jupiter aus Sicht der Raumsonde Cassini. Knapp unterhalb der Bildmitte der Große Rote Fleck – ein seit Jahrhunderten tobender Sturm.

NASA/JPL/Space Science Institute

die vielen Schlieren, Bänder und kleineren Wirbel beweist der Große Rote Fleck, dass allen Stürmen zum Trotz lokale Konzentrationsunterschiede in der Jupiteratmosphäre normal sind.

In der Ferne fehlt das Wasser

Anfang des Jahres 2007 veröffentlichten Astronomen ihre spektroskopischen Vermessungen der Atmosphären zweier jupiterähnlicher Exoplaneten. Überraschenderweise waren weder auf HD 189733b noch auf HD 209458b Anzeichen von Wasser oder Methan festzustellen, obwohl theoretische Berechnungen die beiden Verbindungen vorhergesagt hatten. Der Grund könnte sein, dass Staubwolken aus Silikaten – Kombinationen aus Silizium und Sauerstoff – die Planeten einhüllen und so die Spektren verfälschen.

Grenzenlos flüssig und fest. Auf dem Weg von den dünnen, etwa –160 Grad Celsius kalten äußeren Bereichen der Atmosphäre in Richtung Zentrum des Planeten steigen die Temperatur und der Druck stark an. Ohne erkennbare Grenze wandelt sich das immer dichtere Gas zu flüssigem und schließlich sogar metallischem Wasserstoff. Über diesen exotischen Zustand des Elements ist nur wenig bekannt, da er im Labor sehr schwer herzustellen ist und innerhalb von Sekundenbruchteilen wieder aufgelöst wird. Immerhin weiß man, dass metallischer Wasserstoff elektrisch leitend ist, was zusammen mit der schnellen Eigendrehung dem Jupiter zu einem respektablen Magnetfeld verhilft.

Das innerste Zentrum bildet vermutlich ein Gesteinskern mit rund 20 Erdmassen. In ihm sind alle schweren Elemente enthalten, die aus früheren Supernova-Explosionen stammen und nun überall im Kosmos vorliegen. Auf über 20 000 Grad

Celsius schätzen Wissenschaftler seine Temperatur. Sozusagen die Fußbodenheizung der darüberliegenden Planetenschichten.

Wirkungsvoll in die Weite. Die Dimensionen des Jupiter-Magnetfeldes sind des Riesenplaneten durchaus würdig. Es ist ungefähr 20-mal so stark wie das Erdmagnetfeld, hat 25 000-mal so viel Energie gespeichert und erstreckt sich an unserem Abendhimmel über eine Fläche, die größer als ein Dutzend Vollmonde ist. Es umschließt die vier Galilei'schen und viele kleinere Monde auf ihrer gesamten Bahn und die übrigen zumindest auf der sonnenabgewandten Seite und schützt sie so vor dem Sonnenwind.

Aber der Jupiter hütet nicht nur seine eigenen Trabanten, sondern gibt auch auf die fernen inneren Planeten Acht. Mit seiner Gravitationskraft saugt er förmlich Kometen und steinerne Irrläufer auf, bevor sie zu weit ins Sonnensystem eindringen können. Darüber hinaus stabilisiert er die Bahnen der Objekte im Asteroidengürtel. Berechnungen zufolge müsste die Erde ohne ihn im Schnitt alle 100 000 Jahre mit einem heftigen Einschlag rechnen. Der große Bruder der Erde fungiert also als wichtige Ordnungsmacht. Ein Planetensystem ohne Gasriesen hätte es vermutlich schwer, ausreichend lange verlässliche Bedingungen auf den kleineren Planeten zu garantieren, um dauerhaftes Leben zu entwickeln.

Saturn, Uranus und Neptun

Der Jupiter steht als Beispiel für sämtliche Gasplaneten des Sonnensystems. Unter diesen ragt **Saturn** mit seinem auch von der Erde aus gut sichtbarem Ringsystem hervor. Der Planet hat eine Dichte von nur 0,7 g/cm³ – theoretisch würde er also in einem ausreichend großen Wasserbecken schwimmen. Die Atmosphäre besteht vor allem aus Wasserstoff und einem deutlich kleineren Anteil Helium. Sie enthält Spuren verschiedener chemischer Verbindungen, darunter auch organische Substanzen wie Methan, Ethan, Propan und Acetylen. Das Magnetfeld ist schwächer als beim Jupiter und erreicht an der Wolkenoberkante etwa die halbe Stärke des irdischen Feldes. Mindestens 56 Monde umkreisen den Saturn.

Uranus scheint sich auf seiner Bahn um die Sonne hingelegt zu haben. Während die Rotationsachsen der übrigen Planeten mehr oder minder senkrecht (90 Grad) auf der Bahnebene stehen, erhebt sich jene des Uranus gerade um 8 Grad. Zudem dreht der Planet sich entgegen seiner Wanderungsrichtung (rückläufig). Über die Atmosphäre ist nur wenig bekannt. Sie besteht vermutlich zu 85 Prozent aus Wasserstoff und zu 15 Prozent aus Helium. Außerdem kommen Methan und Acetylen vor. Das Magnetfeld erreicht an der Wolkenoberschicht die Stärke des Erdmagnetfeldes. Neben einem schmalen Ringsystem hat Uranus wenigstens 27 Monde.

Neptun wurde entdeckt, weil er mit seiner Gravitation den Nachbarn Uranus leicht vom berechneten Kurs abgelenkt hat. Dennoch ist er der «leichteste» der vier Riesenplaneten. Dementsprechend fällt es ihm schwerer, das flüchtige Wasserstoffgas zu halten. Es macht aber noch 75 Prozent seiner Atmosphäre aus, während Helium es auf 25 Prozent bringt. Ebenso sind Spuren von Methan und Ethan nachgewiesen. Die Magnetfeldstärke liegt etwa bei der Hälfte des irdischen Werts. Auch Neptun hat ein bescheidenes Ringsystem und wird von mindestens 13 Monden begleitet.

Einige jupiterähnliche Exoplaneten, deren Sterne mit bloßem Auge sichtbar sind

(Stand: Februar 2007; Quelle: New World Atlas des Jet Propulsion Laboratory)

Name	Stern	Sternbild	Entfernung in Lichtjahren	Jupiter-massen
47 Ursae Majoris b	47 Ursae Majoris	Großer Bär	43	2,41
47 Ursae Majoris c	47 Ursae Majoris	Großer Bär	43	0,76
55 Cancri b	55 Cancri	Krebs	44	0,84
55 Cancri c	55 Cancri	Krebs	44	0,21
55 Cancri d	55 Cancri	Krebs	44	4,05
Epsilon Eridani b	Epsilon Eridani	Fluss Eridanus	10,4	0,86
Epsilon Eridani c	Epsilon Eridani	Fluss Eridanus	10,4	0,1
HD 160691 b	HD 160691	Altar	49	1,97
HD 160691 c	HD 160691	Altar	49	1

LEBEN WIE AUF WOLKE SIEBEN

Unbekannte Jupitersphären. Gasplaneten wie der Jupiter sind mehr, als sie auf den ersten Blick offenbaren. In den äußeren Zonen ihrer Atmosphären ist es bei Temperaturen weit unter dem Gefrierpunkt fürchterlich kalt, und der Druck liegt mit 0,1 bar bei einem Zehntel des irdischen Luftdrucks am Boden. Beides nimmt auf dem Weg nach innen zu, bis schließlich Werte oberhalb von höllischen 1000 Grad und 1000 bar erreicht sind. Unterwegs könnte es durchaus Bereiche mit moderaten Bedingungen geben. Inseln einer chemischen Normalität, in denen Wasser flüssig ist und wo einfache organische Verbindungen zu komplexeren Molekülen heranwachsen. Kleine Tröpfchen könnten die Reaktionskammern für solche Vorgänge bilden, nach und nach verschiedene Substanzen ansammeln, die schließlich miteinander interagieren und womöglich den Sprung zu lebenden Systemen schaffen. Eine rein spekulative Vorstellung, denn bisher weisen keinerlei Messdaten auf eine entsprechend weit gediehene chemische oder gar biologische Entwicklung hin. Aber beim gegenwärtigen lückenreichen Wissensstand zu den Gasriesen wäre es voreilig, sie schon jetzt für biologisch tot zu erklären.

Abgehobene Erdmikroben. Dass einfache Mikroorganismen durchaus in den oberen Atmosphärenschichten vorkommen können, zeigen die Experimente der Astronomen um Chandra Wickramasinghe von der Cardiff University, die zu Beginn des 21. Jahrhunderts in Indien Stratosphärenballons mit sterilen Kammern aufsteigen ließen. In Höhen bis zu 40 Kilometern fingen ihre Apparate einzelne Zellen und kleine Klümpchen von ihnen ein und brachten sie tiefgefroren auf den Erdboden zurück. In den meisten Fällen gelang es nicht, die Organismen von der Grenze zum Weltraum anschließend im Labor zu züchten. Im Jahr 2002 glückte jedoch dem Mikrobiologen Milton Wainwright von der University of Sheffield die Zucht zweier Bakterienkolonien und eines Pilzes aus den indischen Proben. Es handelte sich bei ihnen um neue Stämme, die den weit verbreiteten Bakterien *Bacillus simplex* und *Staphylococcus pasteuri* beziehungsweise dem Pilz *Engyodontium album* ähneln.

Sollten die Mikroorganismen tatsächlich aus der Stratosphäre stammen und nicht als Verunreinigung am Boden in die Kammern gelangt sein, sind sie vermutlich durch Winde

Die Lebensformen auf den Gasplaneten sind seltsame Erscheinungen, aber durchweg fröhliche Gesellen.

in diese Höhen getrieben worden. Chandra Wickramasinghe glaubt hingegen eher, dass die Zellen – und vor allem die nicht identifizierten Bakterien – direkt aus dem Weltall stammen und täglich bis zu einer Tonne davon auf die Erde herabrieselt. Er war bis zu seiner Pensionierung einer der eifrigsten Verfechter der Panspermie-Theorie, nach der das Leben auf Kometen und kosmischem Staub zu den Planeten gelangt. Ob vom Boden oder aus dem All – zumindest vorübergehend genügt manchen Mikroorganismen auch dünne Luft, um sich wie auf Wolken gebettet zu fühlen.

Obwohl wir mehr Planeten aus Gas als aus Gestein kennen, wissen wir immer noch sehr wenig über die luftigen Riesen. Die Bedingungen in ihren dicken Atmosphären sind sehr unterschiedlich, und sie verfügen zumindest über einfache organische Moleküle. Bislang gibt es jedoch keine Hinweise auf biochemische Prozesse oder gar Leben. Insgesamt rechnen daher nur wenige Wissenschaftler mit einer realen Chance auf Jupiter-Bewohner. Deshalb haben Astrobiologen den Gasplaneten auch nur wenig Aufmerksamkeit geschenkt, sodass die Frage nach Leben auf Jupiter und Co. eigentlich weiterhin offen ist.

Für das Leben auf den kleineren Gesteinsplaneten in sternnäheren Umlaufbahnen sind die Großen dagegen auf jeden Fall wichtig. Mit ihrer Gravitationskraft spielen sie Staubsauger für kleine Objekte, die ansonsten als Meteoriten jede Evolution gefährden könnten. Die Anwesenheit eines Gasriesen in einem System erhöht somit die Wahrscheinlichkeit für einen belebten kleinen Nachbarn.

WO SCIENCE IN FICTION ÜBERGEHT

Es ist alles da, es ist nur weit weg. Auf einem Gasriesen steht die Natur vor dem Problem, die Atome für ein Biomolekül aus einer unüberschaubaren Übermacht von Wasserstoff und Helium herauszufischen. Doch was beim Anblick der reinen Zahlen unmöglich erscheint, könnte in den Wolkenschwaden vor Ort ganz einfach werden. Denn die Wolken bestehen zumindest in einigen Schichten eventuell aus kleinen Tröpfchen flüssigen

Wassers. Und eine der biologischen Aufgaben von Wasser ist es, andere Substanzen zu lösen. Also tun die Tröpfchen genau dies: Sie lösen und binden damit allen Sauerstoff, Kohlenstoff, Schwefel und Stickstoff, der in irgendeiner Form vorbeitreibt. Ein salziges Süppchen im Miniformat entsteht so. Ein Labor für chemische Experimente, in dem Biomoleküle wachsen und das Miteinander üben. Da diese schwebenden Tröpfchen bereits einen ausreichend definierten Raum einnehmen, wären Zellmembranen, wie sie in Seen und Meeren unabdingbar sind, um die Einheiten beisammenzuhalten, eventuell überflüssig.

Das Leben in den Wolken der Gasriesen würde mehr einer luftigen Biochemie gleichen als den uns bekannten zellgebundenen Organismen. Ständig verschmelzen Tröpfchen miteinander, vermischen ihre Moleküle und teilen sie bei der Trennung neu auf. Ausgedehnte Wolkenbereiche fungieren als ein Gesamtorganismus, der in den dauernden Stürmen ständig Neuzugänge erhält und andere Teile verliert. Wie die Ameisen eines Staates entwickeln auch die Tröpfchen mit der Zeit spezielle Fähigkeiten. Manche werden als dezentrale Speicher die Informationen des lockeren Kollektivs bewahren, andere die Suche nach benötigten Elementbausteinen übernehmen und wieder andere die Wärmeenergie aus tieferen Schichten nach oben transportieren.

Für viele der Aufgaben sind weite Wege in unterschiedliche Richtungen zurückzulegen. Mit gesteuerten Bewegungen lässt sich das effizienter erledigen. Die Tröpfchen könnten einen Mechanismus entwickeln, mit dem sie gelenkte Strömungen schaffen und sich von ihnen an ihr Ziel treiben lassen. Denkbar wäre ein Antrieb durch unterschiedliche Mengen an Wärmeenergie, die Ausdehnungen und Kontraktionen der Gase und ausgleichende Winde hervorrufen würden. Großflächig gestaltet sähe das von außen aus wie ein Mix von Bändern und Wirbeln – wie der Jupiter eben.

EISIGE KÜHLSCHRÄNKE GANZ WEIT DRAUSSEN

Jeder hat sie. Gasplaneten, Gesteinsplaneten, Zwergplaneten, sogar Asteroide werden von ihnen begleitet. Ihre Zahl liegt im Sonnensystem bei über 150, vermutlich sind es weit mehr. Nur eine Gruppe von Himmelsobjekten hat keine: die Monde. Denn Monde von Monden lässt die Gravitationskraft des Hauptkörpers nicht zu. Ansonsten sind Monde Massenware und zugleich individuelle Einzelstücke. Sie entstehen zusammen mit ihrem Mutterobjekt, werden bei Zusammenstößen aus ihm herausgeschlagen oder waren einstmals freie Körper auf eigenen Bahnen, die sich zu tief in einen Gravitationssog gewagt haben.

Als treue Begleiter treten Monde in nahezu jeder beliebigen Distanz zum Stern eines Planetensystems auf. Wo auch immer die geeignete Zone für Leben liegen mag – fast mit Sicherheit dreht mindestens ein Mond darin seine Bahnen. Was er potenziellen Lebewesen anzubieten hat, kann sehr unterschiedlich sein. Im Sonnensystem gibt es trockene Vakuumwüsten und schwefelige Vulkanhöllen ebenso wie überdachte Ozeane und dichte Atmosphären. Auf Monden kommen organische Verbindungen vor, die ebenso komplex sein können wie auf hoffnungsvollen Planeten. Der Vielfalt sind kaum Grenzen gesetzt – und damit besteht durchaus die Möglichkeit, dass einige Monde im Universum belebt sind.

In unserem Sonnensystem stehen vor allem zwei Monde ganz oben auf der astrobiologischen Neugier-Liste: der Jupi-

Europa und Titan in Zahlen

	Europa	Titan
Mutterplanet	Jupiter	Saturn
Mittlerer Abstand	670 900 km	1 221 850 km
Dauer für einen Umlauf	3,55 Tage	15,95 Tage
Mittlere Bahngeschwindigkeit	13,74 km/s	5,58 km/s
Durchmesser	3122 km	5150 km
Dauer für eine Drehung	3,55 Tage	15,95 Tage
Masse	$4,88 \cdot 10^{22}$ kg	$13,45 \cdot 10^{22}$ kg
Mittlere Dichte	3,0 g/cm³	1,88 g/cm³
Fallbeschleunigung	1,32 m/s²	1,35 m/s²
Hauptbestandteile	Wasser, Gestein, Eisen	Wasser, Gestein
Atmosphäre	sehr dünn, Sauerstoff	1,6 bar; 94 % Stickstoff, 6 % Methan und Argon
Oberflächentemperatur	−160 °C	−180 °C
Besonderheit	Ozean unter Eisschicht	dichte Stickstoffatmosphäre

termond Europa, unter dessen Eispanzer ein Ozean flüssigen Salzwassers vermutet wird, und der Saturnmond Titan, dessen dicke Stickstoffatmosphäre ihn in die Nähe der Erde rückt. Beide haben allerdings einen Nachteil: Sie sind sehr weit von der wärmenden Sonne entfernt. Doch Wärme kann ja auch von innen kommen …

EUROPAS VERBORGENE WASSERWELT

Um einiges glatter als eine Billardkugel ist der Jupitermond Europa. Während die meisten Monde von tiefen Einschlagskratern entstellt sind, präsentiert sich der kleinste der vier Galilei'schen

Monde den fotografierenden Raumsonden Voyager I und II, Galileo und Cassini in einer fast makellosen Maske mit einem interessanten Streifenmuster. Nur wenige Krater sind zu erkennen, und kaum eine Struktur ragt mehr als ein paar hundert Meter in die Höhe. Würde man die anfangs erwähnte Billardkugel zur Größe des Mondes aufblasen, wäre sogar die Lackschicht ihrer Farbmarkierung dicker. Dabei ist Europa fast so groß wie der Erdmond und müsste eigentlich genauso zerfurcht sein wie dieser. Vor allem, weil der Riesenplanet Jupiter seit Jahrmilliarden mit seiner Gravitation Unmengen von Gesteinsbrocken angezogen hat und noch immer anzieht, von denen etliche Europa treffen müssten. Doch Berechnungen auf Grundlage der Kraterdichte gestehen der Oberfläche von Europa gerade mal ein Alter von 30 Millionen Jahren zu. Offenbar sorgt irgendein Prozess für ein effektives Facelifting.

Eisiger Panzer um geknetetes Herz. Die Bilder der Sonden untermauern Vermutungen, die Astronomen bereits anhand irdischer Beobachtungen aufgestellt hatten. In Infrarot-Spektren zeigte Europa die typische Signatur von Wassereis. Und auf den Fotos aus dem All wirkt die Oberfläche wie eine übermäßig gebrauchte Eisbahn. Bei stärkerer Vergrößerung erinnert sie schließlich an geborstene Eisschollen, die verschoben und erneut festgefroren sind. Und genau das passiert nach Ansicht der Wissenschaftler tatsächlich auf dem Mond. Aus der Form der Platten, die sich häufig wie ein Puzzle am Computer zusammenfügen lassen, folgern sie, dass die starre Eiskruste gelegentlich von unten aufgebrochen wird und es Risse, Verschiebungen und Aufwerfungen gibt – ähnlich den tektonischen Vorgängen auf der Erde. Das setzt allerdings voraus, dass die darunterliegende Schicht hochgradig beweglich ist. Denkbar wäre Gletschereis oder – flüssiges Wasser.

Beides sollte auf Europa schwer zu bekommen sein, denn die Temperatur auf der Oberfläche liegt bei etwa –160 Grad Celsius. Über Restwärme aus der Jugendzeit, als das Sonnensystem entstand, dürfte der Mond auch nicht mehr verfügen. Und die Sonne ist viel zu weit entfernt, um mit ihren Strahlen für ausreichend warme Gedanken zu sorgen. Was bleibt, ist ein Heizungsmechanismus, der vom Jupiter ausgeht. Und nicht nur von ihm, sondern auch von den anderen Galilei'schen Monden. Mit ihren Anziehungskräften vollführen die Körper eine Art kosmisches Tauziehen, das sie in einem stabilen Patt gefangen hat: Während der Mond Ganymed in 7,2 Erdtagen einmal um den Jupiter wandert, schafft Io in genau der gleichen Zeit vier Umrundungen und Europa zwei. Das geht aber nur, wenn die Umlaufbahnen zu Ellipsen gestreckt sind. Im Schwerefeld des massigen Planeten bedeutet dies jedoch, dass ständig wechselnde Gezeitenkräfte an den Monden zerren – sie werden durchgeknetet und heizen sich dabei von innen heftig auf. Im Falle Ios ist der Effekt so stark, dass er den innersten der Galileo-Monde zum vulkanisch aktivsten Objekt des Sonnensystems gemacht hat. Obwohl er viel kleiner ist als die Erde, hat er mehr als zehnmal so viele große Vulkane. Unablässig verändern Ausbrüche schwefliger Lava sein Gesicht. Auf Europa sorgt die gravitationsgetriebene Fußbodenheizung immerhin noch für ausreichend Wärme, um vermutlich fließendes Wasser zu gewährleisten.

Dafür spricht auch der Einfluss des Mondes auf die Feldstärke des Magnetfeldes vom Jupiter. Die Sonde Galileo hatte in dessen Nähe Abweichungen verzeichnet, die mit einem salzigen Ozean zu erklären wären, der als Reaktion auf das äußere Feld ein eigenes, schwächeres Magnetfeld aufbaut. Der nötige Salzgehalt bewegt sich dabei etwa im Bereich unseres Meerwassers.

Zusammen mit den Messergebnissen zur Gravitation Europas haben die Wissenschaftler mit diesem Wissen ein Modell für

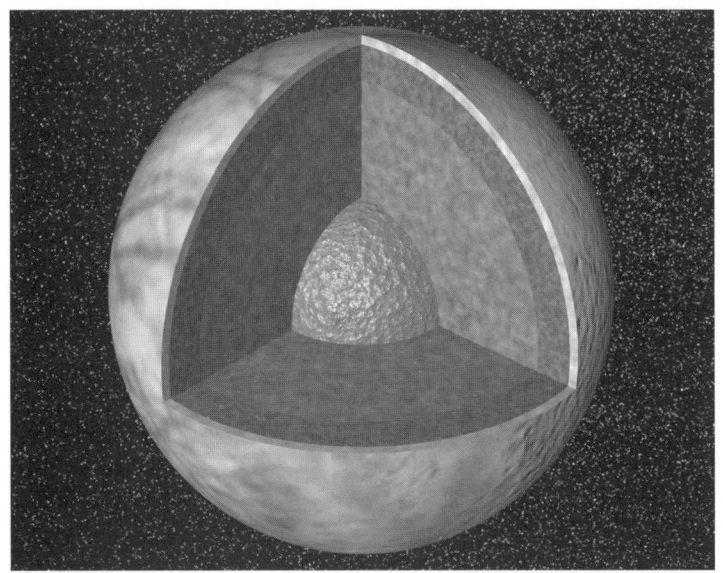

Unter Europas gebänderter Eiskruste (hellgrau) befindet sich vermutlich ein mächtiger Ozean von Salzwasser (dunkelgrau). Den größten Teil des Mondes macht jedoch Gestein aus (mittelgrau), das einen Kern aus Eisen umgibt.
NASA/JPL-Caltech

den Aufbau des Mondes erstellt. Danach befindet sich im Zentrum ein Eisenkern, der von einem dicken Gesteinsmantel umgeben ist. Auf ihm schwimmt ein salziger Wasser-Ozean, dessen Tiefe auf etwa 100 Kilometer geschätzt wird. Überdacht ist das Ganze von einem rund zehn Kilometer dicken Panzer aus Wassereis. Eine recht genaue Vorstellung, die allerdings ohne jede Gewähr ist. Denn zwingend sind die Hinweise auf flüssiges Wasser nicht. Erst eine gezielte Mission zur Erforschung Europas, möglichst mit einer Landeeinheit, die sich durch die Kruste hindurchschmilzt, könnte für Gewissheit sorgen.

Dünne Luft mit weitem Schleier. Außer Eis gibt es auch ein wenig Luft auf Europa – sehr wenig. Gehauchte 0,00000000001 bar Sauerstoff hat die Strahlung von der Sonne und dem Jupiter mit der Spaltung von Wasser aufgebaut. Der zugehörige Wasserstoff verflüchtigt sich dabei gleich in den Weltraum. Und auch ganze Wassermoleküle schaffen es anscheinend, dem Mond zu entkommen. Die Raumsonde Cassini stellte bei ihrem Vorbeiflug fest, dass sich entlang seiner Umlaufbahn ein dünner Ring von Wassergas um den Jupiter zieht. Europas Parfumwolke, die sich insgesamt auf rund 60 000 Tonnen addiert.

LEBEN UNTER EWIGEM EIS

Europa ist nicht die einzige Welt mit einem riesigen Wasserreservoir unter einem dicken Eispanzer. Zur gleichen Zeit, als die Raumsonde Galileo dem Ozean des Mondes auf der Spur war, stießen russische und britische Wissenschaftler in der Antarktis auf einen verborgenen See.

Urwelt unter dem Eis. Direkt unter der russischen Station Wostok, wo mit −89 Grad Celsius die tiefste, jemals im Freiland gemessene Temperatur auch den letzten Tropfen Wodka erstarren ließ, befindet sich das Gewässer. In rund vier Kilometern Tiefe erstreckt es sich nach später durchgeführten Radaruntersuchungen und seismischen Messungen über eine Länge von 250 Kilometern und eine Breite von 40 Kilometern. Seine Tiefe schätzen die Forscher auf 400 bis 1000 Meter. Damit ist der Wostok-See rund 25-mal so groß wie der Bodensee. Und absolut unberührt von Menschen, Zivilisation und den damit einhergehenden Verunreinigungen.

Damit dies auch noch eine Weile so bleibt, sind die Tiefenbohrungen, mit denen eigentlich die Klimageschichte der Erde erforscht werden sollte, ungefähr 150 Meter über dem See gestoppt worden. Aber schon die Analyse der letzten 80 Meter des Bohrkerns verrät eine Menge über die darunterliegende Welt. Denn dort stammt das Eis nicht mehr vom Gletscher, sondern ist gefrorenes Seewasser – Süßwasser mit einem stark erhöhten Sauerstoffgehalt. Vor mindestens 500 000 Jahren versiegelte eine Eisdecke den See, und seitdem lagerte sich Schicht um Schicht gepresster Schnee über ihm ab. Die zunehmende Last erhöhte den Druck im See, sodass die Sauerstoffkonzentration wie in einer Sprudelflasche anstieg. Ein Teil des Gases wanderte auf Plätze im Kristallgitter des Eises, eine Kombination, die Wissenschaftler als Clathrat bezeichnen. Möglicherweise ist der Druck außerdem mit dafür verantwortlich, dass das Wasser trotz seiner Temperatur von −3 Grad Celsius noch immer flüssig ist. Eventuell ist es dort unten aber auch wärmer, denn die dicke Eisschicht wirkt als Isolator, der die Erdwärme zurückhält. Manche Forscher vermuten sogar heiße Quellen am Grund des Sees, ähnlich, wie sie am Meeresboden vorkommen (siehe Kapitel «Die ätzende Schwester»).

Überleben in der Kälte. Das macht natürlich neugierig, ob in dem See einige Lebensformen die Jahrhunderttausende überdauert haben. Aus dem Eis des Bohrkerns konnten Mikrobiologen immerhin einige Bakterien isolieren, die nach DNA-Vergleichen mit gewöhnlichen Bodenbewohnern aus den Gruppen der Proteobakterien und Actinomyceten verwandt sind. Allerdings ging es den Mikroben offenbar nicht sonderlich gut. Sie waren ungewöhnlich klein, wie Bakterien es mitunter in

Hungerperioden sind. Im See selbst könnte die Ernährungslage hingegen bedeutend besser sein – oder schlechter.

Eine ganze Palette weiterer Organismen haben Wissenschaftler in den weniger tiefen Regionen des Eises entdeckt. Zwischen 400 und 1250 Meter unter der Wostok-Station gibt es Bakterien, Cyanobakterien, Pilze, Sporen, Pollenkörner und einzellige Algen, die vor Urzeiten mit Wind und Schnee in die Antarktis geweht worden sind. Häufig vegetieren sie nur vor sich hin oder sind bereits tot. Manche Exemplare, wie das Superbakterium *Deinococcus* (siehe Kapitel «Lebensspuren auf kosmischen Vagabunden») sind aber auch bei Minusgraden weiterhin aktiv und vermehren sich anscheinend sogar. Mit speziell angepassten Proteinen und Zellmembranen sowie eventuell natürlichen Frostschutzmitteln trotzen sie Temperaturen bis –18 Grad Celsius – eine Strategie, die auch Polarfische verfolgen.

Forschen, ohne zu stören. Der Wostok-See könnte somit durchaus ein tiefgekühltes Ökosystem beherbergen, das sich seit mindestens einer halben Million Jahren weitgehend isoliert entwickelt hat. Es ist der größte, vom Menschen nicht beeinträchtigte Lebensraum auf der Erde. Genau so etwas möchte der Mensch sich allzu gerne ansehen, es erforschen und ergründen. Doch es gilt, mit der Lust am Voyeurismus nicht das Objekt der Begierde zu zerstören. Eine Bohrung wäre deshalb zu gefährlich, weil sie ein hohes Risiko birgt, den See mit Mikroben aus der Oberwelt zu kontaminieren.

Genau die gleiche Schwierigkeit also, die es bei einer Erkundung des Ozeans auf dem Jupitermond Europa zu bewältigen gilt. Entsprechend groß ist das Interesse der NASA am Wostok-See. Hier könnte man auf irdischem Grund Techniken erproben, die später in eisiger Ferne ohne anwesende Techniker funktionieren müssen.

In Zusammenarbeit mit anderen Gruppen entwickelt man deswegen im Jet Propulsion Laboratory eine zweistufige Sonde. Der sogenannte Kryobot schmilzt sich nach diesen Plänen langsam durch das Eis hindurch, das hinter ihm wieder gefriert und den Zugang gleich wieder versiegelt. Kurz vor Erreichen des Wassers stoppt das Gerät und dekontaminiert sich selbst. Erst dann geht es weiter bis zur Wassergrenze. Dort entlässt der Kryobot den Hydrobot – ein kleines autonomes Tauchboot von der Größe einer Getränkeflasche. Dieser führt selbständig Messungen durch und sucht nach Anzeichen für Leben. Vollgeladen mit interessanten Daten kehrt er schließlich zum Kryobot zurück, dockt an, und beide machen sich wieder auf den Weg an die Oberfläche. Ein technisch äußerst schwieriges Projekt, das wohl noch einige Jahre in Labortests stecken wird, bevor es seine Chance in der Antarktis oder gar auf Europa bekommen wird.

TITAN HINTER DICKEN WOLKEN

Mit einem Ozean aus Wasser kann Saturns größter Mond – die Nummer zwei im Sonnensystem und größer als der Planet Merkur – wahrscheinlich nicht aufwarten. Seine Attraktion ist vielmehr luftiger Natur: Den Titan umgibt eine ausgeprägte Atmosphäre, deren dichter Dunst den direkten Blick auf seine Oberfläche verwehrt. Erst die Landeeinheit Huygens, die als Passagier mit der Raumsonde Cassini zum Saturn geflogen und am 14. Januar 2005 auf dem Mond gelandet ist, hat den Schleier gelüftet und genaue Messdaten zur Erde gesandt.

Komplexe Chemie bei bitterer Kälte. Die Daten bestätigen, dass Titan neben der Erde das einzige Objekt im Sonnensystem ist, dessen Atmosphäre hauptsächlich aus Stickstoff besteht. 94 Prozent macht das Gas aus, die restlichen 6 Prozent steuern Methan und Argon bei. Hinzu kommen noch mehr als ein Dutzend weitere Verbindungen, darunter Kohlenstoffdioxid, Ethan, Ethin, Propan, Methylacetylen und weitere organische Substanzen. Die Gashülle des Mondes scheint ein äußerst aktives Chemielabor zu sein, in dem ultraviolettes Licht ständig Methanmoleküle spaltet, deren Bruchstücke fleißig weitere Reaktionen initiieren.

Bereits in den 1980er Jahren haben Carl Sagan und nach ihm mehrere andere Forschergruppen in Glaskolben nachgestellt, was aus Gemischen von Methan und Stickstoff wird, wenn sie über längere Zeit elektrischen Entladungen oder Strahlung ausgesetzt sind. Ähnlich wie im Miller-Urey-Experiment, das die Verhältnisse der irdischen Uratmosphäre simulieren sollte (siehe Kapitel «Die Erde ist belebt … vielleicht»), erhielten auch die Titan-Forscher ein buntes Sammelsurium von Substanzen. Darunter war eine große Zahl von Biomolekülen bis hin zu Aminosäuren und dem DNA-Baustein Adenin. Sie alle sammelten sich als klebrige, schwarze Substanz, die Sagan Tholin nannte, am Boden des Gefäßes an.

So einen schwarzen Bodensatz hat Huygens auch vor Ort gefunden. Ein weicher Untergrund, der mit flüssigem Methan getränkt war, fing den Lander weich auf. Der Atmosphärendruck lag hier am Boden mit 1,6 bar etwa beim Anderthalbfachen des Luftdrucks auf der Erde. Was während des Flugs noch wie ein Ozean ausgesehen hatte, entpuppte sich aus der Nähe als trockene Ebene. Nur dort, wo der Boden unter den Grund«wasser»spiegel sinkt, entstehen regelrechte Seenplatten, die allerdings mit Methan gefüllt sind und womöglich ab und zu austrocknen. Zurück bleibt dann das dunkle biochemische Sediment.

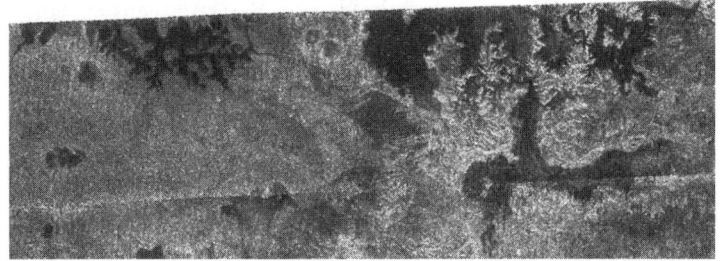

Ein Ausschnitt von 310 Kilometern Länge und 100 Kilometern Breite von der Oberfläche des Titan. Die dunklen Bereiche im Radarbild der Raumsonde Cassini sind vermutlich Seen aus flüssigem Methan und vielleicht auch Ethan. Wasser gefriert bei den eisigen Temperaturen schnell zu starren Strukturen.
NASA/JPL-Caltech

Echtes Wasser tritt bei einer Temperatur von um die −180 Grad Celsius nur gefroren auf und bildet manchmal längliche Wälle. Verschiedene Strukturen, die an Vulkane und Lava erinnern, interpretieren die Wissenschaftler jedoch als Kryovulkane («Kälte-Vulkane»), aus denen zeitweise weiches Eis oder sogar doch flüssiges Wasser strömt, das an der Oberfläche bald erstarrt. Material für diese Springbrunnen hat der Mond genügend. Seine geringe Gesamtdichte von 1,9 Gramm pro Kubikzentimeter lässt vermuten, dass er zu einem großen Teil aus Wassereis besteht, das sich um einen Gesteinskern schmiegt.

Großes Potenzial und offene Fragen. In den 70 Minuten, die Huygens auf der Oberfläche von Titan funktionsfähig war, bevor die Instrumente einfroren, war selbstverständlich keine definitive Antwort auf die Frage nach Leben oder Tod zu finden. Selbst für eine Analyse des schwarzen Molekülgemischs reiche die Zeit nicht, und dafür war die Landeeinheit auch gar nicht vorbereitet. Sie bestätigte aber, dass der Saturnmond eine komplexe Welt mit einer völlig ungewohnten Chemie darstellt, in der sicherlich so manche Überraschung auf zukünftige Missionen wartet. Es ist nicht ausgeschlossen, dass die größte Sensation dann mikroskopisch klein und im wörtlichen Sinne «extrem cool» sein wird.

UNTERM STRICH

Kein Mond ist wie der andere, und manche sind sehr verschieden vom Rest. Obwohl sie klein sind, bieten Monde eine Vielzahl unterschiedlicher Bedingungen an. Eigenschaften, die ihnen selbst fehlen – wie ein schützendes Magnetfeld oder Wärmeenergie –, bekommen sie häufig vom Mutterplaneten geliefert, und ihre Chemie übertrifft locker die Substanzfülle einiger Planeten. Die Beispiele von Europa und Titan zeigen, dass es ihnen auch an flüssigem Wasser und einer dichten Atmosphäre nicht gebricht. Würden sie ihre Bahnen in größerer Nähe zur Sonne ziehen, käme wahrscheinlich niemand mehr auf die Idee, ganze Flotten von Raumsonden zum trockenen Mars zu schicken. Darum lohnt es sich vermutlich, auch bei großen Exoplaneten, auf denen kein Zeichen von Leben zu entdecken ist, einen zweiten Blick zu riskieren – auf seine zahlreichen Begleiter mit der großen chemischen Phantasie.

Die irdischen Weltraumbehörden hatten anfangs kein Glück bei der Wahl ihrer Missionsziele.

WO SCIENCE IN FICTION ÜBERGEHT

Das Leben läuft bedächtig ab im eiskalten Wasser unter dem Eispanzer. Keine Sonne spendet wärmendes Licht und Energie für eine Photosynthese. Die Quelle aller Kraft sitzt am Boden, und der größte Schatz heißt – Wärme. Sie kommt aus dem Inneren des Himmelskörpers und tritt an dünnkrustigen Stellen in den Ozean über. An manchen Orten erhitzt sie Wasser in tieferliegenden Höhlen, das dann wie ein Geysir aufsteigt und dabei Mineralien mitnimmt, die den lauernden Bakterien als Nahrung dienen. Die Mikroben sind Beute kleiner Tiere, und diese wiederum werden Opfer der großen Räuber.

Ein großer Räuber hat aber auch einen großen Magen, den er an einer einzigen Wärmequelle nicht füllen kann. Also muss er wandern, sich ein Revier sichern und regelmäßige Patrouillen schwimmen. Nur ... dafür ist es zu kalt. Wenigstens ohne transportablen Wärmespeicher. Deshalb ist der Räuber, wenn er nicht gerade frisst, stets auf der Suche nach Steinen. Sand, kleine Kiesel, faustgroße Brocken – was immer er finden kann, schlingt er hinunter und legt es in einem speziellen Organ ab, das auf seinen Streifzügen als innere Heizung fungiert. Vor längeren Touren sucht er eine besonders mollige Bodenmulde auf und lädt seine Steinesammlung mit Wärmeenergie. Erst wenn sein Vorrat ausreichend aufgefüllt ist, schwimmt er los zur Ernte an der nächsten Quelle.

Zu sehen gibt es nichts im ewigen Dunkel. Braucht es auch nicht, denn mit seinen elektrischen, magnetischen und chemischen Sinnen sowie den alles überragenden Temperatursensoren nimmt der Räuber seine Umgebung in allen Einzelheiten wahr. So auch das ovale Objekt, das in einigen zig Metern Entfernung mit starken Emissionen im gesamten elektromagnetischen Spektrum auf sich aufmerksam macht. Es ist dem Räuber unbekannt, doch Angst kennt er keine, denn außer rivalisierenden Artgenossen gibt es nichts, was ihm gefährlich werden könnte. So schwimmt er näher an das Objekt heran. Schon kann er die verschiedenen Emissionen den vorderen und hinteren Polen zuordnen. Das Objekt hat die Ausmaße eines größeren Steins – und es ist warm. Der Räuber öffnet sein Maul und schluckt es gemächlich in sein Heizorgan hinein. Mit dieser zusätzlichen Energie wird er bis zur übernächsten Quelle wandern können. Vielleicht sogar sein Revier vergrößern. Neue

Quellen sind schwer zu finden, dafür ist viel Wärme nötig. Aber jetzt hat er die ja.

Vielleicht stößt er unterwegs auf den Kryobot, der unter der Eisdecke auf die Rückkehr des Hydrobots wartet. Mit dessen Wärme könnte er einmal um den gesamten Mond schwimmen. So profitiert wenigstens einer von den jahrelangen Mühen der Wissenschaftler auf der Erde. Schade, dass sie nie erfahren werden, welche ungeahnten Weiten sie dem eisigen Räuber mit ihren Sonden ermöglicht haben.

IST DA WER?

«6EQUJ5» – Dem Astrophysiker Jerry Ehman stockte vermutlich der Atem, als er beim Durchsehen der Signalstreifen auf diese Zeichenfolge stieß. Seit vier Jahren lauschte «Big Ear», das «große Ohr» der Ohio State University, in den Weltraum, sammelte auf 50 Kanälen gleichzeitig die Radiosendungen des Kosmos und zeichnete in langen Kolonnen von Ziffern und Buchstaben alles auf, was irgendwie über das gewöhnliche Rauschen hinausging. Eine «1» für doppelte Rauschstärke, «2» für dreifache und so fort bis «9» für zehnfache, danach ging es weiter mit den Buchstaben von «A» bis «Z».

Für gewöhnlich blieben die Listen über weite Strecken leer. Das Universum knisterte zufällig vor sich hin. Ab und zu schwankte das Signal vorübergehend in den Bereich der Ziffern. Einsen und Zweien waren häufig, Sechsen und Siebenen seltener und wurden zur genaueren Auswertung markiert. Doch sie erwiesen sich stets als zufällige Hügel in der sanft gewellten Zeichenlandschaft der kosmischen Radiowellen.

Und dann fing Big Ear in der Nacht des 15. August 1977 die Folge «6EGUJ5» auf. Das war kein Hügel mehr, dies war ein Berg. Bezogen auf das übliche Rauschen stieg die Signalstärke auf das 7-, 15-, 27-, 31fache und fiel dann über das 20- und 6fache wieder in die Bedeutungslosigkeit ab.

37 Sekunden währte der sensationelle Piep. Exakt die Zeit, die Big Ear sich auf einen Punkt am Himmel konzentrierte. Als das Radioteleskop einige Minuten später erneut diesen Flecken

musterte, blieb alles ruhig. Das deutete auf ein künstliches Signal aus dem Weltall hin. Käme es von einer irdischen Quelle, wäre es nicht auf einen so kleinen Himmelsausschnitt fokussiert, und wäre es natürlichen Ursprungs, müsste es viel länger andauern.

Doch «6EQUJ5» sendete kein zweites Mal. Weder in dieser Nacht noch in einer späteren. Astrophysiker auf der ganzen Welt richteten immer wieder ihre Teleskopschüsseln auf den Ursprung des Signals, aber selbst mit Geräten, die um ein Vielfaches empfindlicher waren als Big Ear, konnten sie nicht einmal ein zaghaftes Wispern empfangen. Was auch immer im August 1977 die Erde getroffen hatte – ein unbekannter irdischer Satellit, ein rätselhaftes natürliches Phänomen oder der Funkstrahl einer außerirdischen Intelligenz –, blieb nach einem einzigen Laut bis zum heutigen Tag absolut still. Und ließ uns zurück mit der quälenden Frage, ob jemand versucht hat, uns anzurufen, und wir nach dem Klingelton nicht schnell genug rangegangen sind.

Was bleibt, ist die Notiz, die Jerry Ehman spontan neben die Zeichenfolge «6EQUJ5» geschrieben hat: «Wow!»

VERRÄTERISCHE STILLE?

Rein rechnerisch ist die Chance, dass Ehmans Wow-Signal tatsächlich von einer außerirdischen Zivilisation stammt, gering, aber durchaus gegeben. Denn so unwahrscheinlich auch die vielen Faktoren sind, die erfüllt sein müssen, damit eine Lebensform mit einem technologischen *Piep!* auf sich aufmerksam macht – angesichts der großen Zahl möglicher Planetensysteme in der Milchstraße sieht es vielleicht gar nicht so schlecht aus für einen interkulturellen Funkplausch.

Rechnerische Nachbarschaft. Der Astronom Frank Drake entwickelte im Jahr 1960 eine Formel, mit der sich ausrechnen lässt, wie viele entsprechend hoch entwickelte Zivilisationen es in unserer Galaxie geben müsste. Sowohl Optimisten wie auch Pessimisten führen diese Drake-Gleichung seitdem gerne an, um ihrer Position größeres wissenschaftliches Gewicht zu verleihen. Denn was in eine Formel gepackt ist, erhält durch die Zeichen und Buchstaben die Autorität des Abstrakten. Grund genug, die Gleichung einmal von vorne bis hinten auf Spuren nach intelligenten Nachbarn abzuklopfen.

Es gilt also, die Anzahl von Planeten innerhalb der Milchstraße zu bestimmen, die zum richtigen Zeitpunkt zur Kommunikation bereit und fähig waren, sodass wir jetzt ihre Signale empfangen könnten. Diese Zahl N errechnet sich nach

$$N = R \cdot f_p \cdot n_e \cdot f_l \cdot f_i \cdot f_c \cdot L$$

- Als erste Größe begegnet uns die Sternentstehungsrate R, die angibt, wie viele Sterne pro Jahr in der Milchstraße ihr Fusionsfeuer zünden. Nach astronomischen Beobachtungen sind das etwa 6, Drake selbst ging damals von 10 aus.

- Nun ist Stern nicht gleich Stern. Nicht jedes Exemplar bietet Planeten eine stabile Umlaufbahn. Besonders Doppel- und Mehrfachsternsysteme stehen im Verdacht, ihre steinigen Trabanten frühzeitig zu schlucken oder in den Weltraum zu schleudern. Der Faktor f_p berücksichtigt dies, indem er den Anteil von Sternen angibt, der einen oder mehrere Planeten besitzt. Im Idealfall wäre $f_p = 1$, wenn alle Sterne ein Planetensystem hätten, bei $f_p = 0$ gäbe es nicht einmal das Sonnensystem. Der wahre Wert liegt folglich irgendwo zwischen 1 und 0, Drake schätzte ihn auf 0,5.

- Es folgt mit n_e die Angabe, wie viele der Planeten im Schnitt innerhalb der habitablen Zone liegen. Im Falle des Sonnensystems wäre $n_e = 3$, wenn wir Venus, Erde und Mars zählen. Drake rechnete allgemein mit 2.

- Wie die Beispiele von Venus und Mars zeigen, garantiert die günstige Lage alleine noch nicht, dass sich auch wirklich Leben auf einem Planeten entwickelt. Der Anteil, bei dem die Evolution glücklich verläuft, bis es zu wimmeln anfängt, geht als f_l in die Gleichung ein. Drake ist dabei mit dem Wert 1 ziemlich zuversichtlich.

- Bakterien oder Pflanzen entwickeln keine Technologie, deren Krönung das interstellare Telefon sein könnte. Dazu muss das Leben intelligent werden, was hier so zu verstehen ist, dass es über die eigene Atmosphäre hinaus denkt und agiert. Diesen Anteil f_i setzte Drake auf 0,01. Für ihn war folglich ein Prozent aller Lebensformen in diesem Sinne intelligent.

- Ebenso groß vermutete er den Anteil f_c von Zivilisationen, der auch wirklich an einer Kommunikation interessiert ist und sich darum bemüht. Es reicht nicht aus, «kein Schwein ruft mich an» zu singen und selbst die Gebühren für ein potenzielles Ferngespräch ins All hinein zu scheuen.

- Schließlich kommt der Lebensdauer einer solchen Zivilisation L eine entscheidende Bedeutung zu. Wie viele Jahre würden Außeriridische mit Radiosignalen nach Kontakt suchen? Die Menschheit ist erst seit Ende der 1930er Jahre dazu in der Lage. Welche Zeit bleibt uns noch, angesichts unseres eigenen problematischen Verhaltens? Und werden uns trudelnde Asteroide und andere kosmische Bedrohungen weiterhin verschonen? L ist äußerst schwierig festzulegen. Drake entschied sich für 10000 Jahre.

Über den Daumen ihres Entwicklers gepeilt ergibt die Drake-Gleichung somit

$$N = 10 \cdot 0,5 \cdot 2 \cdot 1 \cdot 0,01 \cdot 0,01 \cdot 10000 = 10$$

kommunikationsfreudige Zivilisationen in der Milchstraße. Andere Wissenschaftler kommen mit ihren Schätzwerten auf größere oder (weit) niedrigere Zahlen.

Es hängt eben alles davon ab, welche Annahmen wir in die Daten und Anteile einfließen lassen – und damit wird die vermeintlich wissenschaftliche Berechnung zu einer willkürlichen Spekulation. Wir wissen einfach viel zu wenig, um fundierte Angaben zur Häufigkeit von Planeten, Leben und Intelligenz zu machen. Alles, was wir haben, sind wir selbst als einziges Beispiel. Auf dieser Basis können wir aber mit Sicherheit nur sagen, dass N gleich oder größer als 1 ist. Für die Erkenntnis, dass wir selbst da sind und es eventuell noch andere Welten mit intelligentem Leben gibt, hätten wir jedoch nicht unbedingt so eine lange Formel benötigt. Die Drake-Gleichung ist darum in den Augen ihrer Kritiker eigentlich völlig nutzlos – es sei denn, man möchte in Fernsehdiskussionen vor dem Publikum mit Zahlen und Wahrscheinlichkeiten protzen. Eventuelle außerirdische Zivilisationen werden sich davon nicht beeindrucken lassen.

Und wo sind sie? Die großen Zahlen im Universum hatten schon vor Drake immer wieder Wissenschaftler beeindruckt und sie überzeugt, dass es irgendwo im All intelligentes Leben geben müsse. Auch in der Arbeitsgruppe um den italienischen Physiker Enrico Fermi, der 1938 in die USA ausgewandert war, drehte sich die Diskussion des Öfteren um dieses Thema. Bis Fermi eines Tages beim Mittagessen die entscheidende Frage stellte: «Und wo sind sie?» In einer Galaxie, die ausgiebig besiedelt ist und in welcher es nicht an technologisch fortgeschrittenen Lebensformen mangelt, sollten wir längst Signale, Artefakte oder gar Sonden dieser Zivilisationen entdeckt haben, argumentierte er. Eine Milchstraße voller Intelligenz und der totale Mangel an Hinweisen auf diese schlossen sich seiner Meinung nach aus.

Ob das Fermi-Paradoxon tatsächlich zum ersten Mal im Jahr

1950 am Mittagstisch formuliert wurde, wie es die Legende besagt, lässt sich heute nicht mehr feststellen. Die Folgen dieser simplen Frage füllen jedoch ganze Bibliotheksregale, Internetseiten und so manches Forscherleben. Beinahe alle erdenklichen Antworten sind bereits vorgeschlagen worden. Das Spektrum reicht vom nihilistischen «Wir existieren ja selbst nicht» bis zum allumfassenden «Ich bin ein Außerirdischer, meine Frau ist eine Außerirdische, und ihr seid auch alle Außerirdische».

Unter den ernstzunehmenden Ansätzen sind besonders folgende interessant:

▸ *Außer uns ist da niemand.* Die Bedingungen für die Entstehung von Leben und Intelligenz müssen so pingelig genau eingehalten werden, dass sie innerhalb der Milchstraße nirgendwo sonst erfüllt waren. Vielleicht mag es noch irgendwo Bakterien und Algen geben, aber Raketen, Computer und Thermoskannen sind einzig und allein auf der Erde entwickelt worden.

▸ *Es ist zu weit.* Zwar leben mehrere Zivilisationen in der Milchstraße, aber zwischen ihnen liegen jeweils Tausende von Lichtjahren, und der Warp-Antrieb hat es nicht aus der TV-Serie «Raumschiff Enterprise» in die Realität geschafft. Naturgemäß besiedelt jede Intelligenz zunächst ihre nähere Umgebung, sodass sie selbst innerhalb von Millionen Jahren nur eine Art «Blase» um ihre Heimatwelt kolonisiert, ohne Kontakt zu anderen zu bekommen. Außerdem erreicht nicht jede Kolonie einen Status, von dem sie selbst Startpunkt für weitere Expeditionen wird.

▸ *Wozu das denn?* Für die Menschheit erscheint es ganz normal, auf jedem neuen Strand ihr Fähnchen aufzustellen und das Badetuch auszubreiten. Fortgeschrittenere Wesen streben aber überhaupt nicht nach ständig neuen Eroberungen, sondern konzentrieren ihre Ressourcen auf die Entwicklung vor Ort. Dementsprechend haben sie es versäumt, ihren Planeten unbewohnbar zu machen, und sind nicht gezwungen, auf den nächsten überzusiedeln.

- *Ihr benutzt noch Radiowellen?* Das galaktische Internet ist längst Realität, nur sind wir Menschen zu primitiv, um den Datenstrom wahrzunehmen. Unsere Radiowellen und Laserstrahlen, mit denen wir kommunizieren, spielen bei wirklich intelligenten Spezies eine ähnlich große Rolle wie Buschtrommeln und Rauchzeichen in der New Yorker Medienlandschaft. Die wirklichen Informationen können wir gar nicht auffangen, oder wir halten sie für natürliches Rauschen.

- *Lasst die Wilden in Ruhe!* Wir sind dermaßen rückständig, dass es ein zu großer Schock für die Menschheit wäre, wenn sie plötzlich mit zivilisierten Wesen konfrontiert würde. Schon jetzt versuchen viele Menschen, sich die Welt mit dem Wirken allmächtiger Gottheiten zu erklären, statt sich den Abstrusitäten der Quantenphysik zu stellen. Für den Blick auf die echten Naturgesetze ist unser Gehirn einfach zu wenig entwickelt. Die primitiven Gelüste nach Macht, Besitz, Brutalität und Actionfilmen, in denen alles drei im Überfluss vorkommt, sind hingegen so ausgeprägt, dass niemand den Kontakt mit uns wünscht. Also hat man das Sonnensystem kurzerhand zum Reservat erklärt und wirft allenfalls gelegentlich einen kurzen Blick in den «galaktischen Zoo».

- *Die anderen sind noch zu jung oder schon tot.* Vor 500 Jahren hielten die Menschen noch die Erde für das Zentrum des Universums, und seit nicht einmal 100 Jahren empfangen wir Radiowellen aus dem All. Selbst wenn unsere Art es schaffen sollte, noch weitere 1000 Jahre zu überleben, wäre das weniger als ein Wimpernschlag in der Geschichte der Milchstraße. Fremde Zivilisationen brauchen nur um einen dieser Wimpernschläge voraus oder zurück zu sein, und wir würden uns im galaktischen Chatroom verpassen.

All dies sind sicherlich sehr scharfsinnige Argumente, doch der vielleicht entscheidende Punkt fehlt in der Auflistung: Vielleicht haben wir noch keine Signale ferner Zivilisationen empfangen, weil wir noch nicht danach gesucht haben! Dieser Gedanke beflügelte mit Beginn der 1960er Jahre eine Reihe von Wissenschaftlern derart, dass sie theoretische Konzepte entwarfen, ihre Teleskope ausrichteten, bei Förderstellen um finanzielle Mittel warben und auf Konferenzen ihre Ergebnisse austauschten. Wenn da draußen jemand war, dann wollten sie ihn endlich finden. Die Suche nach außerirdischer Intelligenz hatte begonnen – SETI (Search for ExtraTerrestrial Intelligence) war geboren.

Warum die Nobelpreise so spät verliehen werden

Enrico Fermi war sicherlich einer der größten Physiker des 20. Jahrhunderts und der einzige, der sowohl als Theoretiker wie auch als Experimentator herausragende Leistungen erbracht hat. Wegen seiner bedeutenden Beiträge zur Quanten- und Kernphysik tragen mehrere Regeln und Modellvorstellungen seinen Namen (Fermi-Dirac-Statistik, Fermi-Fläche, Fermi-Länge …), und sogar eine ganze Teilchenfamilie, die Fermionen, zu denen unter anderem das Elektron gehört, ist nach ihm benannt. Kein Wunder also, dass Fermi 1938 den Nobelpreis in Physik erhielt «für die Bestimmung von neuen, durch Neutronenbeschuß erzeugten radioaktiven Elementen und die in Verbindung mit diesen Arbeiten durchgeführte Entdeckung der durch langsame Neutronen ausgelösten Kernreaktionen». Ein Irrtum, wie sich kurz nach der Preisverleihung herausstellte. Denn in seinen Versuchen hatte Fermi dem Uran keine weiteren Neutronen hinzugefügt und die ersten künstlichen Elemente (Transurane) erzeugt, sondern das beschossene Uran gespalten. Da derlei Fehlinterpretationen gerade in jungen, dynamischen Forschungsgebieten leicht vorkommen können, es aber hochgradig peinlich ist, wenn sie mit der bedeutendsten Auszeichnung der Wissenschaftswelt geehrt werden, wird der Nobelpreis inzwischen stets mit ausreichend großem zeitlichen Abstand vergeben. Man will sich eben sicher sein.

MIT OFFENEN OHREN

Wie findet man jemanden, über den praktisch nichts bekannt ist? In einer Galaxie mit Hunderten Milliarden Sternen? Geht das überhaupt? Die Wissenschaftler, die an SETI-Projekten beteiligt sind, hoffen zumindest, dass sie eine Chance haben. Obwohl sie ganz genau wissen: Im Vergleich zu ihrer Aufgabe ist die Suche nach der Nadel im Heuhaufen ein lächerliches Kinderspiel. Denn erstens ist der Heuhaufen kleiner als die Milchstraße, zweitens wissen sie ganz genau, wie eine Nadel aussieht, und drittens ist die Nadel permanent anwesend, während die Signale außerirdischer Zivilisationen womöglich nur kurz aufflackern und dann für immer verstummen. Wer bei SETI einsteigt, sollte also eine schier unüberwindlich hohe Frustschwelle haben.

Du da, im Radio. Den einsamen Rufer im All würde niemand hören, da der weitgehend leere Raum keine Schallwellen kennt. Informationen breiten sich im Kosmos weit effektiver aus als elektromagnetische Wellen, die von den meter- und kilometerlangen Radiowellen über die Mikrowellen mit Längen von Millimetern und Zentimetern, die infrarote Wärmestrahlung, das sichtbare Licht, die ultraviolette Strahlung und Röntgenstrahlung bis zu den sehr harten Gammastrahlen reichen. Anders als beispielsweise der Sonnenwind besteht elektromagnetische Strahlung nicht aus Materieteilchen, sondern aus reiner Energie. Sie wandert mit der maximalen Geschwindigkeit, die gemäß Spezieller Relativitätstheorie erlaubt ist: mit der Lichtgeschwindigkeit im Vakuum. Ein vortrefflicher Träger für Nachrichten aller Art, von «Angriff im Morgengrauen» bis zu «Bring bitte noch Butter mit».

Die weite Spanne des elektromagnetischen Spektrums stellte damals wie heute suchende Forscher vor ein ernstes Problem: Alle Kanäle gleichzeitig können sie nicht durchmustern – auf welchem würden aber kommunikationsfreudige Wesen senden? Einen ersten Vorschlag veröffentlichten 1959 die Physiker Giuseppe Cocconi und Philip Morrison, die den Übergangsbereich zwischen Mikro- und Radiowellen favorisierten. Ihre Überlegungen hingen teilweise mit den Eigenheiten der Erdatmosphäre zusammen, die kürzerwellige Strahlung einfach verschluckt, und teilweise mit dem Verhalten der dünnen kosmischen Materie, die im langwelligeren Bereich zu viel störende natürliche Strahlung aussendet. Als ideal sahen sie das 21-cm-Band an – jene Wellenlänge, auf der neutrale Wasserstoffatome strahlen. Da Wasserstoff überall dort im All zu finden ist, wo interessante Prozesse stattfinden, sollten Astronomen jeglicher Zivilisationen immer wieder nach Ansammlungen dieses Elements suchen. Ein hinreichend auffälliges Signal müsste folglich in diesem Bereich schnell entdeckt und erkannt werden. Für Zivilisationen, die ebenso wie Cocconi und Morrison denken, wäre das Wasserstoff-Band darum ideal für ihr Signal «Wir sind hier! Ist da noch wer?».

Vergebliche Lauschangriffe. Zu diesem Schluss gelangte auch der uns bereits bekannte Frank Drake. Im Frühjahr 1960 führte er mit dem Radioteleskop am Green-Bank-Observatorium die erste SETI-Analyse durch. Er richtete die Schüssel mit ihren 26 Metern Durchmesser auf die Sterne *Tau Ceti* im Sternbild Wal und *Epsilon Eridani* im Sternbild Fluss Eridanus und zeichnete das Rauschen im Wasserstoff-Band auf. Die anschließende Auswertung seines Projekts «Ozma» (nach der Königin aus Lyman Baums Buch «Der Zauberer von Oz») ergab – nichts.

Angeregt durch Drakes Arbeit, trauten sich aber weitere Forscher an die Suche. In den 1960er Jahren stöberten vor allem sowjetische Astronomen am Himmel. In den 1970er Jahren stieg auch die NASA in das Abenteuer Lauschangriff ein. Weltweit musterten Wissenschaftler in großen und kleinen, privaten wie öffentlich finanzierten Aktionen den Himmel. 1980 gründete Carl Sagan zusammen mit zwei anderen Astronomen die Planetary Society, die immer noch verschiedene SETI-Projekte fördert. Manche Studien streifen nach einem ausgeklügelten Schema über das gesamte Firmament, andere konzentrieren sich auf bestimmte Sterne und prüfen immer wieder, ob aus deren Richtung verdächtige Signale kommen. Moderne Analyse-Apparate beobachten dabei bis zu 250 Millionen Kanäle auf einmal – eine Kakophonie, als hätten sämtliche Bürger der USA gleichzeitig ihre Radios angeschaltet und jeder einen anderen Sender eingestellt.

Längst sind die anfallenden Datenmengen so groß geworden, dass ihre Auswertung schwieriger geworden ist als die Suche am Himmel. Die University of California in Berkeley beschritt deshalb im Jahr 1999 völlig ungewohnte Wege, um an ausreichend Computerleistung für eine automatische Analyse zu gelangen: Sie startete das Projekt SETI@home, in dessen Rahmen sich jeder Computerbesitzer ein Testprogramm und einen Datensatz herunterladen kann. Ist der Rechner eingeschaltet, prüft er mit niedriger Priorität im Hintergrund, ob das Datenpaket ein mögliches Signal enthält. Ist er fündig – was relativ selten vorkommt –, meldet er den Kandidaten an die Universität, die sich den Abschnitt daraufhin genauer ansieht. Enthält der Satz hingegen nur Rauschen, besorgt sich das Programm automatisch ein neues Paket. Mehr als eine Million Computer beteiligen sich so weltweit an der Suche. – Gefunden haben sie – genau wie alle übrigen SETI-Projekte – bislang nichts.

Zumindest keine Signale von Außerirdischen. Allerdings konnte SETI@home Anfang des Jahres 2007 ein gestohlenes Notebook wiederbeschaffen. Der Programmierer James Melin aus Minneapolis (USA) hat die Analyse-Software nämlich auf all seinen sieben Computern zu Hause installiert und lässt sie eifrig forschen. Darunter auch das Notebook, auf dem seine Frau ihre Romane tippte und das ihr am 1. Januar entwendet wurde. Zum Glück im Unglück ließ der Dieb die Daten auf der Festplatte unangetastet. SETI@home analysierte also auch beim unrechtmäßigen neuen «Besitzer» fleißig weiter Daten und holte sich dreimal in der Woche frische Pakete von der Universität. Und hinterließ dabei jedes Mal in einer Datenbank mit den Namen der angemeldeten Projektteilnehmer eine IP-Adresse. Als der Computerexperte Melin das bemerkte, extrahierte er die Informationen aus der Datenbank und gab sie an die Polizei weiter. Für die war es ein Leichtes, beim lokalen Internet-Anbieter die IP-Adressen in eine echte Anschrift zu tauschen. Sie beschlagnahmte das Notebook und gab es der überglücklichen Autorin zurück, die sich mit den Worten freute: «Ich habe immer gewusst, dass Computerfreaks großartige Ehemänner sind. Es war wie bei ‹Mission Impossible› für ihn [James], nach den harten Beweisen zu suchen, mit denen die Polizei etwas anfangen konnte … Er ist ein Genie – mein Held.»

Jenseits der Schattenwelt hat SETI aber nach über 45 Jahren akribischer Suche nichts vorzuweisen. Am aufregendsten ist nach wie vor das Wow-Signal von Jerry Ehman, doch selbst dies erfüllt nicht die hohen Ansprüche, die SETIs Forscher an ein «echtes» Signal stellen. Weder trat es ein zweites Mal auf, noch wurde es von anderen unabhängigen Teleskopen empfangen – für richtige Wissenschaft zu wenig. Dennoch lauscht SETI weiter nach extraterrestrischen Radioprogrammen. Demnächst auch mit dem Allen Telescope Array – einem Zusammenschluss von 350 Einzelteleskopen mit jeweils 6,1 Metern Durchmesser, die über ein Gebiet von etwa einem Quadratkilometer verteilt sind. Mit ihrem Namen ehrt die Anlage Paul Allen, den Mitbegründer von Microsoft, der das Projekt mitfinanziert. Ob das aber für fortgeschrittene Kulturen ein Anreiz ist, ihre Software-Bestellung endlich abzuschicken, bleibt abzuwarten.

Zu sehen ist auch nichts. Eines der technischen Probleme, vor denen Zivilisationen mit Sendungsbewusstsein stehen, ist die erforderliche Energieleistung, um eine Nachricht ins All zu schicken. Am Boden mag das Signal noch eine Stärke von Mega-, Giga-, Tera-, Peta- oder Exawatt haben – bei den großen Distanzen zwischen den Sternen dünnt es rasch zu einem schwachen Säuseln aus. Um den Verlust einzudämmen, ist es ratsam, nicht den gesamten Himmel zu bestrahlen, sondern ein konzentriertes Bündel zu einem ausgewählten Ziel zu schicken. So eine Fokussierung ist jedoch mit sichtbarem oder infrarotem Licht leichter zu erreichen als mit Radiowellen.

Aus diesem Grund setzen einige Forscher beim optischen SETI auf Licht als Informationsträger und mustern mit hochauflösenden Spektrographen die Leuchtpunkte am Firmament nach Auffälligkeiten. Einige tausend Sterne haben sie so bereits überprüft. In guter alter SETI-Tradition ohne positives Resultat. Trotzdem läuft auch die optische Suche weiter. Denn falls uns doch jemand ruft, möchten die SETI-Forscher diesmal unbedingt rechtzeitig am Hörer sein.

Einige aktuelle SETI-Projekte (Daten vom SETI Institute)

Projektname/ Wissenschaftler	Start-jahr	Observatorium	Objekte
Suche nach Radiosignalen			
Lemarchand Meta II	1990	Instituto Argentino de Radioastronomia (Argentinien)	südlicher Himmel
Bowyer u. a., Serendip III	1992	Arecibo-Observatorium (Puerto Rico)	30 % des Himmels
Horowitz u. a., BETA	1995	Oak Ridge Observatory (USA)	gesamter Himmel
Werthimer u. a., Serendip IV	1996	Arecibo-Observatorium (Puerto Rico)	30 % des Himmels
SETI League Project Argus	1995	Satelliten-TV-Schüsseln	Amateurprojekt in 19 Ländern
SETI Australia Southern Serendip	1998	Parkes Observatory (Australien)	südlicher Himmel
Werthimer und Anderson	1999	Arecibo-Observatorium (Puerto Rico)	Daten für SETI@ home
Montebugnoli	2000	Medicina (Italien)	nördlicher Himmel
Suche nach optischen Signalen			
Betz	1990	Mount-Wilson-Observatorium (USA)	100 nahe sonnenähnliche Sterne
Horowitz u. a. (Harvard Optical SETI)	1998	Oak Ridge Observatory (USA)	13 000 sonnenähnliche Sterne
Marcy u. a.	1998	Lick-Observatorium, Keck-Observatorium (USA)	600 sonnenähnliche Sterne
Werthimer	1998	Leuschner Observatory (USA)	800 sonnenähnliche Sterne
Bhatal und Darcy	2000	Campbelltown Rotary Observatory (Australien)	200 sonnenähnliche Sterne und 25 Kugelsternhaufen
Drake u. a.	2001	Lick-Observatorium (USA)	5039 sonnenähnliche Sterne

In das All zu horchen, ist sicherlich keine schlechte Idee, um das Geplauder möglicher Intelligenzen mitzuhören. Aber was ist, wenn alle nur lauschen, aber keiner etwas sagt? Im Rahmen von CETI (Communication with ExtraTerrestrial Intelligence) zerbrechen sich Wissenschaftler die Köpfe, was wir den fernen kosmischen Nachbarn von uns berichten sollten und wie wir es ihnen erzählen könnten. In ihrer Begeisterung entwickelten sie Codes und Botschaften, mit denen die meisten von uns Erdlingen einige Mühe haben würden. Doch wer eine Anlage bauen kann, mit denen unsere Nachricht zu empfangen ist, der wird schon so ähnlich denken wie wir – meinen die Forscher, wobei sie mit «wir» offensichtlich ihre eigene verschworene Gemeinschaft meinen.

Von Puerto Rico zu M13. Versuchen wir uns spaßeshalber mal an der sogenannten Arecibo-Botschaft, die am 16. November 1974 vom Arecibo-Observatorium in Puerto Rico per Funk zum Kugelsternhaufen M13 im Sternbild Herkules gesendet wurde. Die Bewohner der Planeten in Umlaufbahnen um über 300 000 Sterne werden das Signal empfangen können – vorausgesetzt, sie verfügen in 22 800 Jahren, wenn die Radiowellen bei ihnen ankommen, über die nötige Technologie, um die einmalige Sendung aufzufangen. Verpassen sie den richtigen Zeitpunkt, gibt es keine zweite Chance, weil die 2 Minuten und 50 Sekunden lange Nachricht nur ein einziges Mal gesendet wurde. Schließlich wollte man die geladenen Ehrengäste zur Einweihung des Observatoriums nicht mit Wiederholungen langweilen …

Ausgeknobelt hat die Botschaft natürlich Frank Drake und

sie dann ebenso natürlich Carl Sagan zum Entschlüsseln vorge-
legt. Der hat – natürlich – auch alles richtig interpretiert, und
so sandte die Radioschüssel des Observatoriums wechselnd Signale von zwei Wellenlängen nahe bei 12,6 Zentimetern aus,
die wie bei Computern als Einsen und Nullen interpretiert werden können. 10 Zeichen pro Sekunde mit einer Gesamtlänge
von 1679 Zeichen.

Gehen wir einmal davon aus, in der fernen Zukunft fängt
wirklich ein passionierter SETI-Forscher auf einem M13-Pla-
neten die Daten von Beginn an auf und erkennt ihren binären
Charakter, also die Kombination von Einsen und Nullen. Nach
weniger als drei Minuten hätte er dann eine Folge, die anfängt
mit

000000101010100000000000010100000101000000010100
01000100010010110010101010101010101010010010000000000
000000000000000000000000000011000000000000000000000
110100000000000000000000011010000000000000000000001010
10000000...

Angenommen, Sie wären dieser M13-SETI-Forscher und
außerdem begeisteter Hobby-Mathematiker. Bei der Gesamt-
zahl der Zeichen von 1679 würde Ihnen sofort auffallen ... ?
Na? ... Genau! 1679 ist ohne Rest nur teilbar durch 23 und 73.
Woraus Wesen wie Carl Sagan und M13-SETI-Hobby-Mathe-
matiker schließen, dass die Zeichenkolonne zweidimensional zu
betrachten ist. Intelligenzen, die nicht auf den Einfall mit den
beiden einzigen Teilern kommen oder denen die Zerlegung in
drei statt zwei Faktoren viel natürlicher vorkommt, sind bereits
auf dieser Stufe aus dem Rennen.

In der nächsten Stufe ordnen Sie die Einsen und Nullen nun
also flächig an. Dabei führt es sie nicht weiter, 23 Spiralen mit
jeweils 73 Zeichen zu malen oder mit Dreiecken, Kreisen und
Sechsecken zu experimentieren. Nur ein Viereck mit rechten
Winkeln bringt den erwünschten Erfolg. Und auch da nur die

Variante mit 23 Zeichen Breite und 73 Zeichen Höhe. Machen Sie für jede Null ein schwarzes und für jede Eins ein weißes Quadrat, erhalten Sie zur Belohnung das hier abgedruckte Bild.

Die Arecibo-Botschaft bildlich dargestellt. Die Erklärung der einzelnen Teile finden Sie im Text. Bevor Sie nachlesen, können Sie aber selbst raten, was die Menschheit mit dieser Botschaft fremden Intelligenzen mitteilen möchte.
Wikipedia (verändert)

Herzlichen Glückwunsch! Vorausgesetzt, Ihre M13-Spezies denkt zumindest gelegentlich bildhaft und ist mit dem Konzept vertraut, reale und abstrakte Objekte mit Symbolen zu verknüpfen, können Sie sich nun an die Bedeutung der Nachricht wagen. Vielleicht nehmen Sie sich dafür ein paar Stunden Zeit, bevor Sie weiterlesen. Oder einige Tage? Und behalten Sie bei Ihren Grübeleien im Kopf, dass die wirklichen Adressaten praktisch gar nichts wissen über die seltsamen Wesen, die ihnen diese grobpixelige Botschaft geschickt haben.

Die Auflösung der Arecibo-Botschaft. Haben Sie es geschafft? Wissen Sie, was Frank Drake den M13-Forschern mitteilen wollte? Wenigstens teilweise? Oder sind Sie – wie vermutlich der größte Teil der Menschheit – an diesem kosmischen Intelligenztest gescheitert? Falls das der Fall sein sollte, dann zweifeln Sie nicht zu sehr an sich. Fragen Sie besser die CETI-Wissenschaftler, welche Chancen sie ihren eigenen Nachrichten zugestehen, jemals verstanden zu werden.

Mit den Augen eines Carl Sagan betrachtet, liest sich die Botschaft von oben nach unten folgendermaßen:

▸ Die obersten vier Zeilen stellen in Spalten die Zahlen von 1 bis 10 dar. Hintereinander geschrieben steht in der ersten Spalte 0011. Die erste Stelle gibt die Anzahl der Vierer (hier keiner) an, die zweite der Zweier (ebenfalls keiner), die dritte der Einer (hier einer), und die vierte Stelle verweist darauf, dass bei mehrspaltigen Zahlen in dieser Spalte die kleineren Werte stehen. Wir haben also in der ersten Spalte: $0 \cdot 4 + 0 \cdot 2 + 1 \cdot 1 = 1$.

▸ Die zweite Spalte ist zur Trennung vollkommen schwarz.

▸ Die dritte Spalte codiert: $0 \cdot 4 + 1 \cdot 2 + 0 \cdot 1 = 2$.

▸ Die fünfte Spalte: $0 \cdot 4 + 1 \cdot 2 + 1 \cdot 1 = 3$.

▸ So geht es fort, bis wir etwas rechts von der Mitte auf das Symbol für die 8 stoßen. Diese Zahl muss als erste mit zwei Spalten dargestellt werden.
Links: $0 \cdot 4 + 0 \cdot 2 + 0 \cdot 1 = 0$.
Rechts: $0 \cdot 32 + 0 \cdot 16 + 1 \cdot 8 = 8$.
Zusammen ergibt das 0 (links) + 8 (rechts) = 8.
Es folgt die 9.
Links: $0 \cdot 4 + 0 \cdot 2 + 1 \cdot 1 = 1$.
Rechts: $0 \cdot 32 + 0 \cdot 16 + 1 \cdot 8 = 8$.
Summe: $1 + 8 = 9$.
Und schließlich die 10.
Links: $0 \cdot 4 + 1 \cdot 2 + 0 \cdot 1 = 2$.
Rechts: $0 \cdot 32 + 0 \cdot 16 + 1 \cdot 8 = 8$.

Summe: 2 + 8 = 10.

Alle Zahlen über 10 soll der Leser mit dieser Anleitung selbst erschließen können. Zugleich ist dieser Code der Schlüssel für viele der folgenden Symbole.

▸ Ziemlich knifflig ist das Teilbild unterhalb der Zahlen, das ein wenig an ein missglücktes @ erinnert. Sie werden es vielleicht nicht glauben, aber damit wird auf die chemischen Elemente Wasserstoff, Kohlenstoff, Stickstoff, Sauerstoff und Phosphor verwiesen. Als Zahlen gelesen steht dort nämlich die Folge 1 6 7 8 15. Diesmal ohne schwarze Zwischenspalten, und im Gegensatz zur darüber stehenden Anleitung erfolgt plötzlich kein Übertrag für Zahlen ab 8. Womöglich wollte Drake die fremden Empfänger damit gleich an die fehlende Logik in irdischen Gebrauchsanleitungen oder Hilfetexten von Computerprogrammen gewöhnen? Jedenfalls sind 1, 6, 7, 8 und 15 die Ordnungszahlen der aufgeführten chemischen Elemente, die in der irdischen Biochemie eine wichtige Rolle spielen.

Die Annahme, dass die Biomoleküle der M13-Bewohner ebenfalls bevorzugt auf Wasserstoff (H), Kohlenstoff (C), Stickstoff (N), Sauerstoff (O) und Phosphor (P) basiert, ist zumindest äußerst optimistisch. Trifft sie nicht zu, wird es nun richtig schwierig für den armen Empfänger, denn es geht weiter mit der Biochemie, und das Chemie-Symbol ist der Schlüssel zu diesen Angaben.

▸ In dem Abschnitt unter dem chemischen Symbol, oberhalb der angeschnittenen Sanduhr, dreht sich nämlich alles um DNA. Die Blöcke geben die Summenformeln ihrer Bausteine an, indem sie zunächst die Anzahl der Wasserstoffatome darstellen, dann der Kohlenstoffatome, der Stickstoffatome usw. in der oben festgelegten Reihenfolge.

Wir erhalten damit im oberen Bereich:

$H_7C_5N_0O_1P_0$ (Desoxyribose – der Zuckeranteil am «Rückgrat» der DNA), $H_4C_5N_5O_0P_0$ (Adenin – einer der codierenden «Buchstaben»), $H_5C_5N_2O_2P_0$ (Thymin – der zum Adenin passende «Buchstabe»), $H_7C_5N_0O_1P_0$ (Desoxyribose vom zweiten DNA-Strang).

Im mittleren Bereich:

$H_0C_0N_0O_4P_1$ (Phosphat – der verbindende Teil zwischen den Zuckermolekülen in den Strängen) links und rechts.

Im unteren Bereich:

$H_7C_5N_0O_1P_0$ (Desoxyribose), $H_4C_4N_3O_1P_0$ (Cytosin – ein codierender «Buchstabe»), $H_4C_5N_5O_1P_0$ (Guanin – der passende «Buchstabe» zum Cytosin), $H_7C_5N_0O_1P_0$ (Desoxyribose).

Im Übergang zur «Sanduhr»:

Links und rechts Phosphat ($H_0C_0N_0O_4P_1$), das den Anschluss an die geschwungene Rückgrat-Linie der folgenden DNA-Figur herstellt.

▸ Was wie eine aufgesägte Sanduhr aussieht, ist eine stilisierte Darstellung der DNA-Struktur. Der doppelte Strich, der senkrecht durch sie hindurch verläuft, codiert die Zahl 4 294 441 822 – so viele Basenbausteine hat die menschliche DNA nach Drakes Vorstellung. Der Wert ist etwas zu hoch angesetzt und in Wahrheit individuell unterschiedlich. Aber vermutlich wird der schwitzende M13-Forscher sowieso nicht viel mit dem DNA-Abschnitt anfangen können, sofern nicht sein eigenes Erbgut zufällig ebenfalls in diesem Molekül gespeichert ist.

▸ Direkt unter dem senkrechten Doppelstrich erkennen wir ein Strichmenschlein. Wir befinden uns damit in der Humanebene der Nachricht. Der unterbrochene senkrechte Strich links von der Figur ist zur Abwechslung mal weder Zahl noch Element, sondern weist nur darauf hin, dass die waagerecht verlaufenden Quadrate die Größe angeben. Sehen wir davon ab, dass damit spontan die Schreibrichtung für Zahlen geändert wird, erkennen wir eine 14. Um daraus die korrekte Größe zu erhalten, müssen wir diese Zahl mit der Wellenlänge des Signals multiplizieren und bekommen 14 · 12,6 cm = 176,4 cm.

▹ Rechts von dem Menschlein sehen wir nicht etwa einen Hund oder einen Briefkasten, sondern abermals eine Zahl: 4 292 853 750. Die Leserichtung ist diesmal von links nach rechts und von oben (kleine Angaben) nach unten (große Angaben). Bezeichnet ist die ungefähre Weltbevölkerung im Jahr 1974. Ein Wert mit allenfalls historischer Bedeutung, denn in rund 23 000 Jahren, wenn die Nachricht vielleicht gelesen wird, dürfte die Erde längst von einer größeren Menschheit besiedelt sein – wenn es die Menschheit dann überhaupt noch gibt.

▹ Nachdem der Mensch in seiner gewohnt reduzierten Bescheidenheit zunächst von sich selbst berichtet hat, folgt ihm zu Füßen der Blick auf – nein, keine Zahlen! – das Sonnensystem. Auch dieses Modell ist nicht auf dem neuesten Stand, denn es zeigt neun Planeten. Der Pluto gehört allerdings inzwischen nicht mehr dazu, zumal es in etwas größerer Entfernung zur Sonne Objekte gibt, die durchaus größer sind als er. Und es ist nicht gesagt, ob wir wirklich schon alle größeren Körper am Rande entdeckt haben. Insofern teilen wir den M13-Forschern mit diesem Abschnitt vor allem mit, dass wir unser eigenes Planetensystem nicht allzu gut kennen.

▹ Die unterschiedlichen Längen der Striche sollen übrigens die Größenverhältnisse grob widerspiegeln. Die Sonne ist flächig mit neun Feldern, Jupiter und Saturn kommen als größte Planeten auf drei Felder, Uranus und Neptun folgen mit zwei, und dem Rest muss je ein Feld genügen. Die Erde ist als Ursprung der Nachricht ein wenig höher platziert und damit hervorgehoben. Sie befindet sich direkt unterhalb des Menschleins.

► Den Abschluss der Botschaft macht das stilisierte Arecibo-Observatorium. Selbst wenn man Fotos von der Anlage kennt, fällt es schwer, sie in den Kästchen zu entdecken. Für jemanden von weit außerhalb dürfte das Muster ein ewiges Rätsel bleiben. Da hilft auch nicht die Angabe der Breite in Vielfachen der Wellenlänge von 12,6 cm.

Da die Arecibo-Botschaft nur ein einziges Mal ausgesandt wurde, liegt die Vermutung nahe, dass sie mehr als PR-Gag gemeint war, weniger als ernsthafter Versuch, einer fernen Zivilisation etwas mitzuteilen. Außerdem setzt sie sehr viele Analogien zwischen den Empfängern und den Menschen voraus, um verstanden zu werden. Darum dürfte sie allenfalls die Aussage übermitteln: Es ist noch jemand da draußen!

Oder es war jemand da. Denn wie die Welt in 22 800 Jahren aussieht, lässt sich nicht vorhersagen. Und eine Antwort wäre allerfrühestens in der doppelten Zeit zu erwarten. Im Jahr 47 574 wird sich aber mit großer Wahrscheinlichkeit niemand mehr an unsere Nachricht erinnern, geschweige denn etwas damit anfangen können. Schauen wir etwa die gleiche Zeit zurück, sehen wir den Neandertaler, der sich Faustkeile schlug und den Speer erfand. Und vor 23 000 Jahren hielten steinzeitliche Höhlenkünstler wichtige Informationen in Zeichnungen an den Wänden ihrer Behausungen fest. In Farbe, mit besserer Auflösung und erstaunlich realistisch. Trotzdem wissen wir heute nicht mehr, welchem Zweck diese Werke dienten. Vielleicht werden unsere Nachkommen die Arecibo-Botschaft eines Tages ebenso mit kopfschüttelndem Unverständnis ansehen – und sie dann in Ermangelung einer besseren Idee als «religiöse Skizzen» deuten.

Nachricht mit kleinen Fehlern. Schneller, öfter, umfangreicher sollte der Cosmic Call («Kosmischer Anruf») werden, den die beiden kanadischen Astronomen Yvan Duteil und Stéphane Dumas ausgetüftelt hatten. Ihre Sternziele waren nur 60 Lichtjahre entfernt, sodass bereits die Generation ihrer Enkel im Erfolgsfall noch zu Lebzeiten eine Antwort erwarten könnte. Damit der Kontakt nicht gleich zu Ende ist, bevor er begonnen hat, weil die Empfänger das erste Läuten verpasst haben, ließen sie die Zeichenfolge gleich mehrmals vom Radioteleskop Evpatoris Planetary Radar auf der Krim-Halbinsel in das Weltall senden: in den Jahren 1999 und 2003 jeweils dreimal in Folge.

Statt eines kurzen Telegramms verschickten die Wissenschaftler gleich ein ganzes Handbuch. In 370 979 Zeichen, aufgeteilt auf 23 Seiten, spannen sie den Bogen von einfachen mathematischen Grundlagen zu komplexeren Konzepten. Kurz vor der Sendung boten sie den Lesern der niederländischen Zeitschrift *Kijk* Gelegenheit, sich selbst an der Mitteilung zu versuchen. Und wirklich ist der Code einfacher zu verstehen als die Arecibo-Botschaft.

Dennoch ist durchaus vorstellbar, dass die Autoren sich wünschen, ihre erste Ausstrahlung aus dem Jahr 1999 möge im Nichts verloren gehen. Der aufmerksame *Kijk*-Leser Paul Houx hatte ihre Nachricht nämlich nicht nur verstanden – er hatte darin auch zwei Fehler entdeckt. Gleich auf der zweiten Seite ist in den Formeln für den Kreisumfang und die Kreisfläche ein falsches Symbol für das Gleichheitszeichen gesetzt. Was nicht weiter schlimm gewesen wäre, wenn noch eine Möglichkeit bestanden hätte, eine korrigierte Version an das Radioteleskop zu schicken. Doch das war damals noch nicht an das Internet angeschlossen, sodass am Pfingstmontag dreimal die Information ins All ging: «Irren ist menschlich!»

Junge Gedanken für ferne Nachbarn. Das gleiche Radioteleskop, mit dem auch schon der Cosmic Call verschickt worden war, funkte am 29. August sowie am 3. und 4. September 2001 eine Nachricht zu sechs sonnenähnlichen Sternen, die teilweise von russischen Jugendlichen entworfen worden war. Der erste von drei Teilen dauerte über zehn Minuten an und bestand aus einem einzigen kontinuierlichem Signal, das so an die Bewegung der Erde um die Sonne angepasst war, dass es beim Empfänger mit einer konstanten Wellenlänge ankommen müsste. Auf diese Weise, so hoffte der Teamleiter Alexander Zaitsev, würden intelligente Beobachter schnell auf die künstliche Natur der Sendung aufmerksam.

Im zweiten Teil folgt das «1. Thereminen-Konzert für Außerirdische» in analoger Übertragung. Der Vorteil des elektronischen Musikinstruments Theremin, das unter anderem im Song *Good Vibrations* der Beach Boys zu hören ist, liegt in seinem fast reinen Ton, der ideal für eine Sendung über weite Strecken ist. Sieben Melodien sollen in 15 Minuten etwas über die emotionale Seite des Menschen vermitteln.

Der dritte Abschnitt war wieder etwas rationaler gehalten. Digital übermittelte er Grüße in englischer und russischer Sprache sowie – vermutlich für fremde Kulturen ohne Wörterbuch leichter zu verstehen – ein Bildverzeichnis.

Sollte einer der angepeilten Sterne wirklich über Planeten mit SETI-begeisterten Bewohnern verfügen, müsste die Teen-Age Message etwa zeitgleich mit dem Erscheinen dieses Buches eintreffen. Mit etwas Glück sind einige jüngere Wissenschaftler dort an der Auswertung beteiligt, die auf Anhieb erkennen, worum es sich bei den Musikstücken handelt. Ab 2013 sollten wir deshalb besonders aufmerksam in den Äther lauschen – womöglich kommt dann die Antwort mit den heißesten Rhythmen von 47Uma.

Funkbotschaften sind schick und schnell, haben jedoch einen großen Nachteil: Wenn gerade niemand hinhört, gehen sie am Empfänger vorbei und verschwinden in der Vergessenheit des Universums. Deshalb halten manche Wissenschaftler griffigere Botschaften auf harter Materie für die bessere Art von Signal. Ganz so wie der Monolith auf dem Mond im Film «2001 – Odyssee im Weltraum». Anstelle von schwarzen Steinen hat die NASA auf einigen ihrer Sonden Plaketten mit bildhaften Symbolen angebracht. Als kleiner Gruß für fremde Wesen, denen in weit entfernter Zukunft eine der Raumkapseln in den Vorgarten fallen wird.

Nackt und bedrohlich? Mit Gold beschichtetes Aluminium tragen die beiden Sonden Pioneer 10 und Pioneer 11 durch das All. Auf 22,9 Zentimetern mal 15,2 Zentimetern zeigen die Plaketten eine Art Stern, von dem in alle Richtungen Strahlen ausgehen. Dabei handelt es sich um eine Positionsangabe der Erde. Die Strahlen geben durch ihre Längen und in Binärdaten (senkrechte und radiale Striche) die Entfernungen zu 14 Pulsaren und die Richtung zum Zentrum der Milchstraße an. Pulsare sind als blinkende Sternleichen sehr auffällige Objekte im All und sollten einer Astronomie treibenden Kultur bekannt sein. Kommt jemand auf die Idee, sie mit den Endpunkten der Strahlen in Bezug zu bringen, wüsste er damit ungefähr, in welcher Ecke der Galaxis die Erde zu finden ist.

Genauere Auskunft gibt das darunterliegende Schema des Sonnensystems. Es verrät zudem den Weg der Sonde von der Erde, vorbei an Mars und Jupiter in die Tiefen des Raums.

Oberhalb der Karte sind zwei Kreise mit einigen Strichen

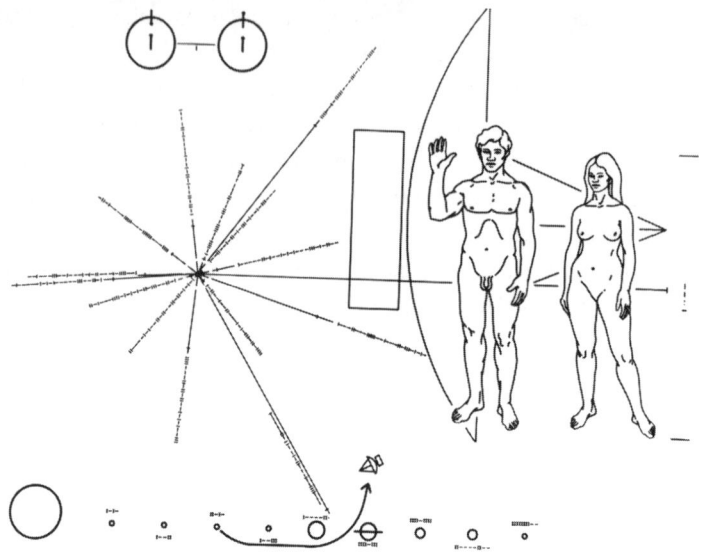

Die freizügige Darstellung der Figuren auf den Plaketten von Pioneer
10 und Pioneer 11 hat in den USA sicherlich für mehr Wirbel gesorgt, als es ihr mit viel Glück irgendwann einmal auf einem fernen
Planeten vergönnt sein wird.
NASA

zu sehen. Damit wird der Übergang von Wasserstoff zwischen
zwei Feinzuständen angedeutet. Gezeigt ist zweimal dasselbe
Atom. Links zeigt das Köpfchen des oberen Strichs nach unten,
rechts nach oben, sonst ist alles gleich. Diese Striche stehen für
das Elektron, dessen Spin einmal nach unten und einmal nach
oben weist. Der Kreis deutet seine Bahn an und der zentrale
Strich den Kern.

Im rechten Teil der Plakette sind die Sonde und zwei menschliche Figuren im gleichen Maßstab zu sehen. Da die Frau und
der Mann unbekleidet sind, kam es in den USA bei Veröffent-

lichung der Zeichnungen zu den üblichen Attacken von Prüderie. Diskutiert wurde zudem, ob der Gruß des Mannes mit erhobener Hand eventuell als aggressive Geste missverstanden werden könnte. Eine Frage, die angesichts der Vielfalt irdischer Begrüßungs- und Drohrituale wohl kaum vor einer direkten Begegnung mit den Empfängern der Nachricht entschieden werden kann. Sollten diese uns eines Tages besuchen, wäre es eventuell ratsam, sich vorsichtshalber zunächst nicht mit erhobener Hand am FKK-Strand erwischen zu lassen.

Eine goldene Schallplatte für fremde Ohren. Im Jahr 1977 starteten die beiden Sonden Voyager 1 und 2, vier beziehungsweise fünf Jahre nach ihren Pioneer-Vorgängern. Ihre Mitteilung für den ehrlichen Finder fiel weniger anstößig aus, war dafür aber um einiges klangvoller. Mit an Bord war nämlich jeweils eine goldene Schallplatte mitsamt Abspielgerät im Selbstbausatz. Gut geschützt in einer Aluminiumhülle sollen die «Sounds of Earth» für mindestens 500 Millionen Jahre von der Erde und der Menschheit künden – eine Garantiedauer, zu welcher sich ein Hersteller von CDs und DVDs niemals überreden ließe.

Den Inhalt der Platte durfte ein Komitee unter der Leitung von – raten Sie mal! – Carl Sagan aussuchen. Es entschied sich für 115 analog gespeicherte Bilder, deren Qualität bei 500 Punkten in 512 Linien und 16 Grautönen etwa mit schlechten Fotokopien vergleichbar ist. Hinzu kamen einige Geräusche von der Erde wie Wind, Wellen, Donner, Gesang von Vögeln und Walen sowie andere Tierlaute. Den Menschen repräsentieren gesprochene Grüße in 55 Sprachen, Botschaften des damaligen US-Präsidenten Jimmy Carter und des Generalsekretärs der UN Kurt Waldheim und 90 Minuten Musik aus verschiedenen Epochen und Kulturen.

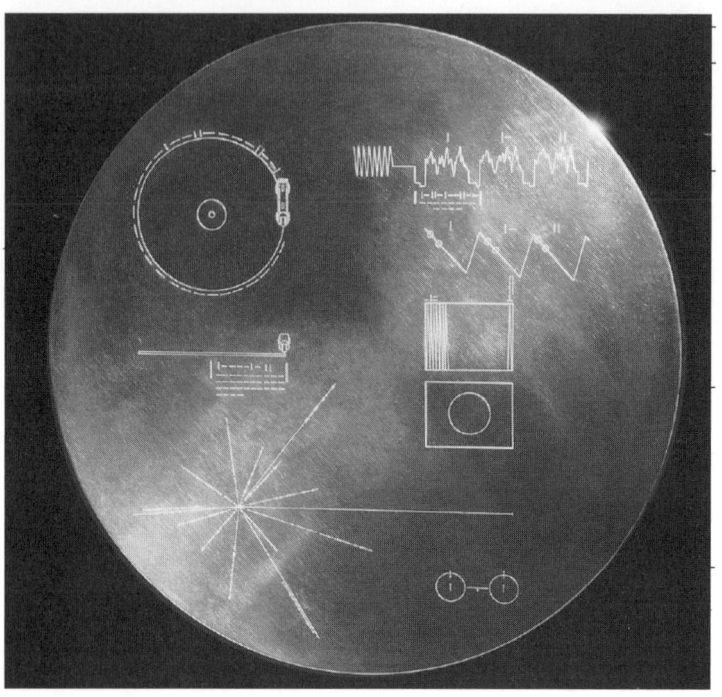

Die Hülle der Schallplatte von Voyager 1 und Voyager 2 beschreibt, wie der Datenträger abzuspielen ist.
NASA

UNTERM STRICH

Über 45 Jahre Suche nach außerirdischen Intelligenzen haben kein einziges überprüfbares Signal gebracht. Womit keinesfalls gesagt ist, dass es jenseits der Grenzen des Sonnensystems keine hochentwickelten Zivilisationen gibt. Die Wahrscheinlichkeit, mit einer davon in Kontakt zu kommen, ist allerdings

«Sie haben uns wieder neue Strickmuster geschickt.»

wegen der großen Entfernungen und der langen Zeiträume in der Milchstraße sehr gering. Dennoch mustern enthusiastische Forscher weiter den Himmel und schicken gelegentlich selbst Botschaften zu interessanten Sternen. Eine Antwort ist jedoch allenfalls in vielen Jahren oder gar Generationen zu erwarten. Wenn dann noch eine Menschheit da sein soll, um die Mitteilung zu empfangen, muss sie zunächst selbst beweisen, dass sie intelligent genug ist, auf ihrem eigenen Planeten ausreichend lange zu überleben.

WEITERFÜHRENDE LITERATUR UND INTERNETSEITEN

ZU : WAS IST DAS EIGENTLICH – LEBEN ?

Erwin Schrödinger
Was ist Leben?
Piper Verlag, 1999
Erstmals im Jahre 1944 erschienen, nimmt ausgerechnet das Buch eines theoretischen Physikers die späteren Entdeckungen der Molekularbiologie in groben Zügen vorweg. Schrödinger bietet einen interessanten grundsätzlichen Blick auf den Zustand Leben und prinzipielle Einsichten, was ein lebendiges System ausmacht und wie es in Wechselbeziehung zu seiner Umgebung stehen muss.

Michael Murphy und Luke O'Neill (Herausgeber)
Was ist Leben? – Die Zukunft der Biologie
Spektrum Akademischer Verlag, 1997
Ein halbes Jahrhundert nach Schrödingers Startschuss haben hier namhafte Wissenschaftler die Fortschritte und weiterhin offenen Aspekte zur Frage nach dem Leben zusammengestellt. Von der Thermodynamik über molekulare Abläufe bis hin zu Verhalten und Sprache spannt sich der Bogen – und zeigt, dass wir noch längst nicht am Ziel angekommen sind.

Neil Campbell und Jane Reece
Biologie
Spektrum Akademischer Verlag, 2006
Einmal quer durch die gesamte Biologie auf über 1000 Seiten.
Ein Lehrbuch, das in verständlicher Form einen Überblick über
das Leben auf der Erde liefert – und damit über das einzige
Beispiel, von dem wir bisher wissen.

Leslie Mullen
Defining Life
http://www.astrobio.net/news/article344.html
Auch die NASA ist auf der Suche nach einer brauchbaren Ar-
beitsdefinition für Leben. Auf Konferenzen und über das As-
trobiology Portal tauschen sich ihre Wissenschaftler dazu aus.
Und längst nicht alle Merkmale, nach denen aktuelle Raumsonden derzeit suchen, sind in diesem Kreise unbestritten.

Stephan Krall
Was ist Leben? Eine alte Frage aus biologischer Sicht
http://www.smn-germany.de/beitraege/leben.htm
Eine Näherung an das Phänomen Leben aus naturwissen-
schaftlicher und philosophischer Sicht. Der Autor geht unter
anderem der Frage nach, ob es eine bislang unbekannte Kom-
ponente gibt, die womöglich eng mit der Quantenphysik ver-
knüpft ist und mehr oder minder zwangsläufig für Leben im
Universum sorgt.

Christian Drohm und Eckhard Etzold
Eliza – unsere Computer-Psychologin ...
http://bs.cyty.com/menschen/e-etzold/archiv/science/
rat.htm
Ein unterhaltsames Computerprogramm, das auf relativ einfacher Basis einen intelligenten Gesprächspartner vortäuscht.

Laurance Doyle, Hans-Jörg Deeg und Timothy Brown
Die Suche nach erdähnlichen Planeten
in *Spektrum der Wissenschaft* 1 / 2001
Drei aktive Planetensucher stellen die Transitmethode vor, mit der sie kleinere Exoplaneten von der Größe der Erde entdecken wollen.

Thüringer Landessternwarte Tautenburg und Astrophysikalisches Institut der Universität Jena
Kompetenzzentrum – Extrasolare Planeten
http:// www.exoplanet.de /
Mit welchen Methoden man ferne Planeten nachweist, erfährt man auf diesen Seiten aus erster Hand – mehrere Autoren des Überblicks haben womöglich eines der ersten Fotos von einem Exoplaneten geschossen.

Aus den Herzen der Sterne ... zu fernen Welten
http:// www.corot.de / index.html
Die deutsche Seite zur Mission des europäischen Weltraumteleskops COROT, das die Helligkeitsschwankungen ferner Sterne vermisst, um so mögliche Exoplaneten zu finden.

Jet Propulsion Laboratory
Planet Quest – the search for another Earth
http:// planetquest.jpl.nasa.gov / index.cfm
Das zur NASA gehörende Jet Propulsion Laboratory präsentiert auf dieser Website die Programme mehrerer Teleskope, die nach erdähnlichen Planeten suchen. Besonders interessant: der Atlas neuer Welten, mit dem man gezielt bekannte Exoplaneten nach ihren Eigenschaften suchen kann.

Christian de Duve
Aus Staub geboren – Leben als kosmische Zwangsläufigkeit
Spektrum Akademischer Verlag, 1995
Von der Ursuppe bis zum menschlichen Geist reicht dieser Streifzug durch die Evolution. Auch wenn der Autor sich auf die Erde bezieht, sind die von ihm beschriebenen Erkenntnisse und Mechanismen sicherlich auch auf ferne Planeten mit ähnlichen Bedingungen übertragbar.

Olaf Fritsche und Frank Schubert
Unterwegs im Sturm der Ionen
in *Astronomie heute* 7–8 / 2004
Sonnenwind und kosmische Strahlung spielen nicht nur bei der Entwicklung des frühen Lebens auf der Erde eine Rolle, sondern stellen für heutige Raumfahrer ein ernstzunehmendes Risiko dar.

Robert Hazen
Der steinige Weg zum Leben
in *Spektrum der Wissenschaft* 6 / 2001
Lange Zeit haben Wissenschaftler die Rolle der Minerale bei der Entstehung des Lebens übersehen. Dabei lösen sie eine ganze Reihe von Problemen auf dem Weg von der Chemie zur Biochemie.

Jeffrey Taylor
Ursprung und Entwicklung des Mondes
in *Spektrum der Wissenschaft* 9 / 1994
Rund 300 Kilogramm Gestein haben die Apollo-Astronauten vom Mond mitgebracht. Erst die Untersuchung dieser Proben brachte Klarheit über die Herkunft des Erdtrabanten – und ebenso über die Frühzeit der Erde.

Analyses of Surveyor 3 materials and photographs returned by Apollo 12
http: // nssdcftp.gsfc.nasa.gov / miscellaneous / documents / b16023.pdf
Der wissenschaftliche Bericht beschreibt auf den Seiten 239 bis 251 die mikrobiologischen Untersuchungen der «Astronauten-Bakterien», die es 31 Monate auf dem Mond ausgehalten haben.

Martin Elsässer, Alexander Grüner und Wolfgang Planding
Mondatlas – ein Atlas über den Mond
http: // www.mondatlas.de /
Viel mehr als nur ein schöner Fotoatlas, denn die Website dreier Amateurastronomen bietet fundiertes Wissen und aktuelle Neuigkeiten rund um den Mond.

Matthias Lipinski
Apollo-Projekt
http: // www.apollo-projekt.de /
Fernsehen und Zeitschriften greifen immer wieder gerne die Verschwörungstheorie auf, dass die Mondlandungen niemals stattgefunden hätten, sondern alles nur ein – obendrein lausig

durchgeführter – Schwindel sei. Auf dieser Internetsite werden die Argumente Punkt für Punkt behandelt und widerlegt.

ZU: LEBENSSPUREN AUF KOSMISCHEN VAGABUNDEN

Max Bernstein, Scott Sandford und Louis Allamandola
Kamen die Zutaten der Ursuppe aus dem All?
in *Spektrum der Wissenschaft* 10 / 1999
Das Leben kam nur mit Biomoleküen aus dem Weltall so schnell in Schwung, meinen die drei Autoren vom Astrochemischen Labor der NASA. Und die Träger dieser wertvollen Fracht sind Kometen, wie sie auch heute noch immer wieder an der Erde vorbeiziehen – und gelegentlich auf sie stürzen.

Jochen Kissel und Franz Krueger
Urzeugung aus Kometenstaub?
in *Spektrum der Wissenschaft* 5 / 2000
Das Konzept einer rein irdischen Urzeugung gerät an manchen Stellen in Erklärungsnot. Nimmt man hingegen an, dass Kometen die junge Erde mit einer Vielzahl chemischer Verbindungen versorgt hat, musste Leben fast zwangsläufig so schnell entstehen, argumentieren die Autoren.

Johannes Hirschler
Kometen
zur Fernsehsendung *planetwissen*
www.planet-wissen.de
(Geben Sie auf der Homepage der Sendung «Kometen» in das Suchfeld ein und drücken Sie die Return-Taste.)
Der Autor gibt einen kleinen Überblick über das derzeitige Wis-

sen zu Kometen. Einige Links leiten weiter zum Halley'schen Kometen und zur Mission Deep Impact.

Marile Avermann und Frank Sohl
Aufbau und Geologie der Planeten und Satelliten des Sonnensystems
http://ifp.uni-muenster.de/~sohl/course/start.html
Unter «Kleine Körper» erhält der Leser eine Einführung in die Asteroide des Sonnensystems, die knapp ist, aber immerhin für einen Kurs an der Universität Münster gedacht war.

ZU: HÖLLISCH NAH AM HIMMELSFEUER

James Fredrickson und Tullis Onstott
Leben im Tiefengestein
in *Spektrum der Wissenschaft* 12/1996
Ein Sonderprogramm der US-Regierung untersucht seit Jahren das Leben in tiefen Gesteinen. Wie man an die Proben gelangt und diese studiert, ohne sie dabei zu verunreinigen, erklären hier der Leiter und einer seiner Mitarbeiter, die beide vom *Bacillus subterrestris* befallen sind.

Merton Davies und andere
Atlas of Mercury
http://history.nasa.gov/SP-423/contents.htm
Das aktuelle Wissen zum innersten Planeten. Außer den Bildern der Mariner-10-Mission fasst die Seite auch die Erkenntnisse der wissenschaftlichen Messungen zusammen.

James Dunne und Eric Burgess
The Voyage of Mariner 10
http://history.nasa.gov/SP-424/sp424.htm
Ein ausführlicher Bericht über die bislang einzige Mission, die
den Merkur besucht hat.

ZU: DIE ÄTZENDE SCHWESTER

Klaus Hausmann und Bruno Kremer
**Extremophile – Mikroorganismen in ausgefallenen Lebens-
räumen**
Wiley VCH, 2000
Erst seit wenigen Jahren ist bekannt, unter welchen unwirtlichen Bedingungen Bakterien auf der Erde leben und gedeihen. Mit welchen biochemischen Tricks die Mikroorganismen
in Säuren, Laugen, Salzen und Rohöl, unter Druck und hohen
Temperaturen sowie im Inneren anderer Organismen existieren können, verrät dieses Buch. Allerdings sollte ein Leser über
grundlegende Kenntnisse in Biologie und Chemie verfügen.

Dawn Stover
Creatures of the Thermal Vents
http://seawifs.gsfc.nasa.gov/OCEAN_PLANET/HTML/
ps_vents.html
Eine informative «Tauchfahrt» zu den Röhrenwürmern der
Tiefsee, die ohne Mund und After an den heißen Quellen leben.

Bernd Leitenberger
Missionen zur Venus
http://www.bernd-leitenberger.de/venus.shtml
Ein ausführlicher Überblick über die Missionen zur Venus, ihre
Pannen, Erfolge und Ergebnisse.

European Space Agency
Venus Express
http://www.esa.int/SPECIALS/Venus_Express/index.
html
Die Europäische Weltraumorganisation informiert klar struk-
turiert über ihre neue Venus-Sonde und deren Erkenntnisse
vom Wolkenplaneten.

ZU: STAUBTROCKEN VOLLER WASSER

Olaf Fritsche
**Pathfinder auf dem Mars – wissenschaftliche Ergebnisse
einer medienwirksamen Mission**
in *Spektrum der Wissenschaft* 9/1997
Erst 20 Jahre nach den Viking-Landern ist wieder eine Mission auf dem Mars gelandet. Dank Internet sah die ganze Welt
zu, wie der kleine Rover Sojourner Stein für Stein untersuchte.
Der Artikel gibt einen Überblick der wissenschaftlichen Ergebnisse.

Edward Ezell und Linda Ezell
On Mars – Exploration of the Red Planet 1958–1978
http://history.nasa.gov/SP-4212/on-mars.html
Ein Buch über die frühe Erforschung des Mars bis zum Ende

der Viking-Mission, das vollständig im Internet zu lesen ist. Eine der ausführlichsten Darstellungen, von der viele andere Internet-Sites ihre Informationen bezogen haben.

Lunar and Planetary Science – Mars
http://nssdc.gsfc.nasa.gov/planetary/planets/marspage.html
Die NASA-Site zum Mars, auf der vom Datenblatt des Planeten bis zu den aktuellen Missionen alles zu finden ist, was die US-amerikanische Weltraumagentur zum Nachbarn der Erde zu berichten hat.

David Williams
A Crewed Mission to Mars ...
http://nssdc.gsfc.nasa.gov/planetary/mars/mars_crew.html
Will, kann und wird die NASA tatsächlich eine bemannte Mission zum Mars schicken? Im Jahr 1997 gab es schon einmal Visionen für ein solches Unterfangen.

ZU: GIGANTISCH UND NEBULÖS

Torrence Johnson
Jupiter und seine Monde
in *Spektrum der Wissenschaft* 4 / 2000
Vier Jahre lang hat die Raumsonde Galileo den Jupiter umkreist und dabei den Planeten und seine Monde eingehend erforscht. Der Artikel fasst die wichtigsten Erkenntnisse zusammen.

Calvin Hamilton
Jupiter
http: // www.solarviews.comgerm / jupiter.htm
Umfangreiche Informationen zum Riesenplaneten Jupiter.
Dazu ausgewählte Bilder mit erklärenden Texten.

Lunar and Planetary Science – Jupiter
http: // nssdc.gsfc.nasa.gov / planetary / planets / jupiterpage.
html
Die Informationssammlung der NASA zum Jupiter. Besonders
die Missionen zum Gasriesen und an ihm vorbei sind hier aus-
führlich beschrieben.

ZU: EISIGE KÜHLSCHRÄNKE GANZ WEIT DRAUSSEN

Robert Pappalardo, James Head und Ronald Greeley
Der verborgene Ozean des Jupitermonds Europa
in *Spektrum der Wissenschaft* 12 / 1999
Ein bildreicher Artikel, der die Argumente für einen Ozean
unter der Eiskruste Europas bespricht und kurz auf die Frage
nach Leben in dem fernen Meer eingeht.

David Williams
Ice on Europe
http: // nssdc.gsfc.nasa.gov / planetary / ice / ice_europa.html
Wieso glauben Astronomen eigentlich, dass es unter der Kruste des Jupitermonds flüssiges Wasser geben könnte? Der Autor
erklärt es auf dieser Seite.

Life in Extreme Environments: Antarctica
http://www.resa.net/nasa/antarctica.htm
Informationen und weiterführende Links zum Leben unterhalb des Gefrierpunkts.

ZU: IST DA WER?

Ian Crawford
Ist da draußen wer?
George Swenson jr.
Interstellare Verbindungen
in *Spektrum der Wissenschaft* 11 / 2000
Kann es intelligentes Leben in der Milchstraße geben? Wie sollten wir danach suchen? Und welche Chancen haben wir, es zu finden? In diesen beiden Artikeln geben zwei Berufsastronomen einen Einblick in die Suche nach unseren Nachbarn.

Tobias Wabbel und andere
S.E.T.I. – Die Suche nach dem Außerirdischen
Beust Verlag, 2002
Die wissenschaftliche Ausbeute der SETI-Projekte ist bis heute ziemlich mager. Doch die größte Suche der Menschheitsgeschichte hat viele phantasievolle und spekulative Aspekte, die sich mit dem Was-wäre-wenn befassen. In diesem Buch legen Forscher, Astronauten und Schriftsteller ihre Gedanken in kurzen Aufsätzen oder Geschichten dar. Lektüre für das Warten auf das lang ersehnte Signal «von da draußen».

SETI Institute
Homepage des SETI Institute
http: // www.seti.org
Die Erde, das Weltall und die Suche … Umfangreiche Informationen zu SETI und vielen seiner Projekte. Und wenn es eines Tages ein Signal geben sollte – hier wird es zu finden sein.

University of California
SETI@home
http: // setiathome.ssl.berkeley.edu /
Mit dem eigenen Computer nach intelligentem Leben im All suchen – SETI@home macht das möglich. Dazu braucht man nur ein Programm auf dem Rechner zu installieren, das nach und nach Datenpakete des Radioteleskops in Arecibo nach Auffälligkeiten durchsucht, wenn der Computer gerade nicht mit anderen Aufgaben beschäftigt ist.

REGISTER